数据工程师系列精品教材

总主编　肖红叶

深度学习

主　编　杜金柱　王志刚
副主编　雷　鸣　傅楷涵

科学出版社

北　京

内 容 简 介

本书兼顾统计知识的基础性和系统性，系统介绍深度学习基础知识和建模技术。本书共包括 7 章，第 1 章介绍机器学习、人工智能和深度学习发展历程及相关概念；第 2 章介绍深度学习的理论知识，如张量、梯度、损失函数、激活函数、反向传播等；第 3 章介绍基础神经网络在二分类数据、多分类数据和连续数据上的实例构建；第 4 章介绍神经网络模型的泛化策略；第 5 章介绍卷积神经网络的模型结构及其在图像分类问题中的应用；第 6 章介绍循环神经网络的模型结构及其在序列数据中的应用；第 7 章介绍文本数据建模的全过程，并结合前几章介绍的模型结构和优化策略，基于案例展示用于处理自然语言的深度学习模型。

本书主要是为统计学专业学生编写的深度学习技术教材，可以用作相关专业的本科生、研究生以及学习深度学习技术读者的教材和参考书。平台环境使用统计工作者熟悉的 Windows+R+Keras 组合，方便读者快速掌握深度学习算法和技术。

图书在版编目 (CIP) 数据

深度学习/杜金柱，王志刚主编. —北京：科学出版社，2022.6
数据工程师系列精品教材/肖红叶总主编
ISBN 978-7-03-070834-2

Ⅰ.①深… Ⅱ.①杜… ②王… Ⅲ.①机器学习 Ⅳ.①TP181

中国版本图书馆 CIP 数据核字 (2021) 第 259937 号

责任编辑：方小丽／责任校对：贾娜娜
责任印制：张　伟／封面设计：蓝正设计

科学出版社 出版
北京东黄城根北街 16 号
邮政编码：100717
http://www.sciencep.com
北京中石油彩色印刷有限责任公司 印刷
科学出版社发行　各地新华书店经销
*
2022 年 6 月第 一 版　开本：787×1092　1/16
2022 年 6 月第一次印刷　印张：15 3/4
字数：373 000
定价：49.00 元
（如有印装质量问题，我社负责调换）

苏为华　教育部统计学类专业教学指导委员会委员　浙江工商大学

杜金柱　教育部统计学类专业教学指导委员会委员　内蒙古财经大学

李　勇　教育部统计学类专业教学指导委员会委员
　　　　成都信息工程大学

李金昌　教育部经济学类专业教学指导委员会副主任委员
　　　　浙江财经大学

李朝鲜　教育部经济学类专业教学指导委员会原委员　北京工商大学

杨仲山　教育部统计学类专业教学指导委员会委员　东北财经大学

杨贵军　天津财经大学

余华银　教育部统计学类专业教学指导委员会原委员　安徽财经大学

宋丙涛　河南大学

张维群　西安财经大学

陈尊厚　教育部金融学类专业教学指导委员会原委员　河北金融学院

林　洪　广东财经大学

林金官　教育部统计学类专业教学指导委员会委员　南京审计大学

尚　翔　天津财经大学

罗良清　教育部经济学类专业教学指导委员会委员　江西财经大学

顾六宝　河北大学

徐国祥　教育部统计学类专业教学指导委员会副主任委员
　　　　上海财经大学

彭国富　河北经贸大学

葛建军　教育部统计学类专业教学指导委员会委员　贵州财经大学

傅德印　教育部统计学类专业教学指导委员会委员　中国劳动关系学院

雷钦礼　暨南大学

总　序

经过近 6 年的工作，这套以 "数据工程师" 命名的系列教材付印出版了。教材是以经济领域大数据应用本科专业教学为目标的。但因该系列教材集中在相关技术主题，也应该适用于其他领域大数据应用的学习参考。当然这取决于教材内容能否满足其他领域大数据应用的要求。经受住教学及其学生就业适应性的检验，一直是教材编写的重压。核心在于对大数据应用的认知，总是滞后大数据技术的进步及其应用场景的多样化扩张。教材只能以一定的基础性和通用性应对，并及时迭代。即使如此，相关编写内容的选择，也考察编写者对大数据应用目标与发展趋势大背景及人才培养创新探索的理解与把握。

一、时代背景

2010 年前后，计算机网络数据技术及其应用大爆发，大数据概念问世。涌现出在 "大数据" 认知中造梦追梦的激情潮流。相应搜集、处理和深度分析大数据的专业技术人才受到热捧追逐。一晃十年。虽然目前该技术驱动出现网购、社交、金融、教育医疗、智慧城市等一系列新商业模式和新兴产业，引发传统生产、生活方式发生深刻变革，但其仍然没有破除生产率悖论[1][2]，成长为推动实体经济整体发展的通用技术[3]。原因在于，不同于以物质和能量转换为特征的历次技术产业革命，信息技术是以智能化方式释放出历次产业革命所积蓄的巨大能量的。但其能量释放机制高度复杂，远非传统生成要素重新组合就能解决问题。信息技术与传统领域融合，需要基于以新技术、新基础设施和新要素组织机制构成的新技术经济范式的创建[4]。新范式应该包括相关人才支持及其培养机制。

2015 年，我国提出实施大数据战略。国务院在 2015 年 8 月 31 日印发《促进大数据发展行动纲要》[5]，专门提出创新人才培养模式，建立健全多层次、多类型的大数据人才培养体系，鼓励高校设立数据科学和数据工程相关专业，重点培养专业化数据工程师等大数据专业人才的规划要求。2017 年，习近平总书记就实施国家大数据战略主持中共中央政治局第二次集体学习时就指出，要构建以数据为关键要素的数字经济，推动

① John L. Solow. 1987. The capital-energy complementarity debate revisited. The American Economic Review, 77(4): 605-614.

② Tyler Cowen. 2011. The Great Stagnation: How America Ate All the Low-Hanging Fruit of Modern History, Got Sick, and Will Feel Better. Dutton.

③ Andrew G. Haldane. 2015. How low can you go?. https://www.bankofengland.co.uk/-/media/boe/files/speech/2015/how- low-can-you-can-go.pdf.

④ Carlota Perez. 2008. The Big Picture: More Than 200 Years of Financial Bubbles, Where Are We Now and Where Will We End Up? Harvard Business School's 100th Anniversary, Oslo Conference, September[EB/OL]. http://www.konverentsid.ee/ files/ doc/ Carlota Perez. pdf.

⑤ 国务院关于印发促进大数据发展行动纲要的通知. http://www.gov.cn/zhengce/content/2015-09/05/ content_10137. htm.

互联网、大数据、人工智能同实体经济深度融合，并要求培育造就一批大数据领军企业，打造多层次、多类型的大数据人才队伍。

二、教学创新探索

2013 年 10 月，中国统计学会在杭州以"大数据背景下的统计"为主题召开第十七次全国统计科学讨论会。众多著名专家学者深入讨论了大数据背景下政府统计变革等问题，发出经济统计应对大数据的呼吁。天津财经大学迅速响应，在时任副校长兼任珠江学院院长高正平教授支持下，经过大量调查研究，以经济管理领域大数据应用技术专业人才培养为目标，开始经济统计学专业对接大数据的改革探索，形成"数据工程"专业方向培养方案。2015 年，天津财经大学珠江学院和统计学院启动改革实践，引发国内同行热切反响。2016 年 1 月，天津财经大学在珠江学院召开教学会议，联合江西财经大学、浙江工商大学、浙江财经大学、河南财经政法大学、内蒙古财经大学、河南大学以及国家统计局统计教育培训中心、科学出版社等 26 所高校和机构，共同发起成立"全国统计学专业数据工程方向教学联盟"，通过了联合推进教学改革的计划。2016 年 7 月，在浙江工商大学召开教学联盟第二次会议，47 所高校参会，讨论了课程体系及其主要课程教材大纲，成立教材编写委员会，建议进一步推进高校经济管理各专业学生数据素质培养教学活动。天津财经大学数据工程教学改革取得较好实践效果，2018 年获第八届高等教育天津市级教学成果一等奖。其中数据工程人才培养定位、主要技术课程及教学内容是改革探索的核心，也是这套系列教材形成的具体背景.

三、"数据工程"定位

"数据工程"定位基于两方面考虑。

其一，"工程"概念是以科学理论应用到具体产品生产过程界定的。"数据工程"定位在大数据的应用，就是通过开发从数据中获取解决问题所需信息的技术，为用户提供信息与服务产品。其直接产生数据的信息价值，具体体现数据要素的生产力。另外，鉴于数据存在非竞争和非排他性，规模报酬递增性，多主体交互生成与共享的权属难以界定性，以及可无限复制性等基本特征，一般性掌握原生数据并没有现实意义，数据价值来自从中获取的能够驱动行为的信息。数据配置交易一般通过提供数据的信息服务产品，特别是以长期服务方式完成。数据工程开发产品为数据要素实现市场配置提供了基础支撑.

其二，标示与"数据科学"区分。早年分别基于计算机科学与数理统计学体系的理解，由图灵奖获得者诺尔[①]和著名统计学家吴建福[②]提出的"数据科学"概念，历经多年沉寂，在大数据背景下爆发[③][④][⑤]。统计学在数据科学概念上与计算机科学产生交集。但

① Peter Naur. 1974. Concise survey of computer methods Hardcover. Studentlitteratur, Lund, Sweden, ISBN 91-44-07881-1.

② 吴建福. 从历史发展看中国统计发展方向 [J]. 数理统计与管理, 1986, (1): 1-7.

③ Thomas H. Davenport and D. J. Patil. 2012. Data scientist: the sexiest job of the 21st century. Harvard Business Review, 90(10): 70-76, 128.

④ Chris A. Mattmann. 2013. A vision for data science. Nature, 493: 473-475.

⑤ Vasant Dhar. 2013. Data Science and Prediction, Communications of the ACM. https://doi.org/10.1145/2500499.

两个学科的数据科学概念解读并不一致。其中，计算机科学偏向为将数据问题纳入系统处理架构研究提供一个概念框架。统计学偏向开展促进大数据技术发展的方法论理论研究。计算机的系统架构研究和统计的基础理论研究非常重要。数据科学家是国家实施大数据战略需要的高端人才。当前大数据底层系统技术进展迅速，通用化瓶颈在于其与实体领域的融合应用。我国经济与产业体系规模决定了大数据领域应用对应的各类型、各层次专业人才需求场景扩展迅速，相应人才需求空间足够大并存在长期短缺趋势。培养大批掌握成熟数据技术，并能够在领域中发挥应用创新作用的"数据工程师"，是我国较长时期就业市场的选择。

四、主要课程

主要课程解决三方面问题。

其一，总体要求课程设置涵盖大数据应用三阶段全流程。第一阶段是领域主题数据生成。支撑领域用户信息需求主题的形成，及其对应原生数据的采集与搜集。第二阶段是数据组织与管理。保障大数据应用资源合理配置，方便使用。第三阶段是数据信息获取。产生信息产品与服务，实现数据要素价值。

其二，课程结构及内容调整重组。这是基于大数据应用流程，将应用领域、计算机和统计学三个专业课程汇集到数据工程专业后，教学课时总量约束要求的。重组原则为在适用性基础上，兼顾知识体系的基础性和系统性。

(1) 领域课程。以经济学等基础课为主体，精炼相关专业课程。

(2) 计算机课程。其覆盖大数据应用全流程，且工程技术专业定位决定其专业基础仍然紧密联系应用。相关课程包括计算机基础、Python 程序设计和计算机网络等基础课程，数据库原理与应用以及信息系统安全等数据组织管理课程，数据挖掘技术和深度学习、文本数据挖掘和图像数据挖掘以及数据可视化技术等数据信息获取技术课程。

(3) 统计课程分为基础与应用两组。基础包括应用概率基础和应用数理统计。前者以概率论为主体加入随机过程基本概念。后者综合数理统计、贝叶斯统计和统计计算三部分内容。应用包括三门统一命名的统计建模技术 (I II III)。其中 I 为多元统计建模与时间序列建模，II 为离散型数据建模与非参数建模，III 为抽样技术与试验设计。另外还有统计软件应用课程。

其三，注重实践操作。这是应用人才的规定。除课程中包含实践教学环节之外，独立开设程序设计实践、数据库应用实践、数据分析实践等课程。引入真实数据，提高学生实际数据感知能力。

五、系列教材

有关系列教材，做如下两点说明。

其一，关于系列教材组成及特点。课程结构及其内容调整重组后，教学面临对应的教材问题。基于统计学专业改革背景，以能够较好把握为出发点，从统计课程和关联性较强的部分计算机数据处理技术切入教材编写。该系列教材第一批由《应用数据工程技术导论》《数据挖掘技术》《深度学习》《图像数据挖掘技术》《数据可视化原理与应用》《应用概率基础》《应用数理统计》《统计建模技术 I——多元统计建模与时间序列建模》《统计建模技术 II——离散型数据建模与非参数建模》《统计建模技术 III——抽样技术与试验设计》《数据分析软件应用》11 本组成。其特点总体表现在，基于实际应用需要安排教材框架，精炼相关内容。

其二，编写组织过程。2016 年 1 月，教学联盟第一次会议提出教材建设目标。2016 年 7 月，教学联盟召开第二次会议，基于天津财经大学相应课程体系的 11 门课程大纲和讲义，就教材编写内容和分工进行深入讨论。成立了教材编写委员会。委托肖红叶教授担任系列教材总主编，提出编写总体思路。诚邀著名统计学家邱东、曾五一和房祥忠教授顾问指导。杨贵军和尚翔教授分别负责统计和计算机相关教材编写的组织。天津财经大学、江西财经大学、浙江财经大学、浙江工商大学、河南财经政法大学、内蒙古财经大学等高校共同承担编写任务。杨贵军和尚翔教授具体组织推动编写工作，其于 2018 年 10 月 20 日、2019 年 9 月 19 日、2020 年 11 月 29 日三次主持召开教材编写研讨会。

系列教材采用主编负责制。各个教材主编都是由国内著名教授担当。他们具有丰富的教学经验，曾主编在国内产生很大影响的诸多相关教材，对统计学与大数据对接有着独到深刻的理解。他们的加盟是系列教材质量的有力保证。

这套系列教材是落实国家大数据战略，经济统计学专业对接大数据教学改革，培养大数据应用层次人才的探索。其编写于"十三五"时期，恰逢"十四五"开局之时出版。呈现出跨入发展新征程的时代象征。这预示本系列教材培养出的优秀数据工程师，一定能够在大数据应用中发挥一点实际作用，为国家现代化贡献一点力量。既然是探索，教材可能存在许多缺陷和不足。恳请读者朋友批评指正，以利于试错迭代，完善进步。

教材编写有幸得到方方面面的关注、鼓励、参与和支持。教材编写委员会及我本人，对经济统计学界的同仁朋友鼎力支持教学联盟，对天津财经大学珠江学院高正平教授、刘秀芳教授及天津财经大学领导和同事对数据工程专业教学探索提供的强力支撑，对科学出版社领导的大力支持和方小丽编辑的热心指导，表示衷心的感谢！

肖红叶

2021 年 3 月

前　言

作为人工智能最重要的一个分支——深度学习近年来发展迅猛,引起了广泛的关注。但是现有的深度学习相关教材多是由计算机专业人士编写的,技术和方法采用 UNIX 和图形处理器（graphics processing unit，GPU）环境框架。在培养应用统计学专业的学生时,有必要将深度学习中的数据处理思想和方法引入培养内容中。一部符合统计学描述框架,采用统计学常用软件环境的针对性深度学习教材就十分必要。本书以此为目标,详细介绍深度学习相关知识和技术,为统计学专业人士掌握深度学习这门技术并深入理解其中解决问题的思路和方法提供参考。

为了使读者更好地掌握每章内容的学习重点,有效地学习和理解深度学习的基础知识,本书的编写兼顾以下两个方面：

（1）注重统计思想和通俗性的权衡。深度学习内容非常丰富,应用广泛。本书主要选择读者相对容易理解的有关理论知识和建模技术,回避烦琐的理论性质解释和证明。同时使用 Windows+R+Keras 软件环境,降低软件操作门槛,有助于读者将注意力集中于利用统计建模技术解决实际问题的过程,理解统计思想。

（2）注重统计方法的实际应用性。本书的案例经典、易懂,定位于演示深度学习理论知识,既帮助读者体会统计建模技术的实际应用价值,也期望读者从理论上正确理解不同统计模型的特点和适用性,合理评估统计建模结果的可靠性。

本书是由杜金柱、王志刚、雷鸣和傅楷涵合作完成。在本书完成的过程中,内蒙古财经大学统计与数学学院马欢、李晨方、师津、段美玲、石坤、杨扬、王思琪和祁昊廷等参与了讨论、资料搜集以及书稿的录入、整理、修订与校对工作。杜金柱和王志刚作为总纂,完成改写、统稿。

编者在此感谢内蒙古财经大学统计与数学学院、研究生院和内蒙古经济数据分析与挖掘重点实验室的全力支持。感谢科学出版社的大力支持。感谢国家社会科学基金 (18ZDA127、18BTJ046)、教育部产学合作协同育人项目（201902046002）、内蒙古自治区人才开发基金、内蒙古数据科学与大数据学会重点项目和内蒙古财经大学专业硕士学位研究生案例库建设项目的资助。在书稿完成过程中,我们参阅了相关领域的专著与文献资料,并借鉴了一些观点、例题和习题等,在此一并表示感谢。

本书写作时从大数据应用人才的社会需求调研起步,结合应用统计学专业培养方案的改革和实践探索经验：从深度学习基础课程教材大纲着手,一步步形成课程讲稿、基础讲义、教材初稿……直到教材付梓。本书写作过程中,历经了几十个版本的反复精练和优化改进，是为了在应用统计学专业的大数据应用人才培养中发挥一点作用。本书可能仍存在许多不足，恳请读者批评指正，以利于我们在今后的教学实践中进一步修改和完善。

作　者

2022 年 3 月

目　　录

第1章

深度学习入门

随着计算能力的不断发展以及可使用的数据量不断增加，深度学习作为一种强大的多层架构，在过去十年受到了极高的关注。本章将介绍深度学习的概念，人工智能、机器学习和深度学习间的关系，并提供在计算机上利用 R 函数包搭建可以运行深度学习环境的教程，在随后的章节，我们将会在这个环境中，深入探讨深度学习模型的训练和使用。本章包括以下内容：机器学习与深度学习、人工智能与深度学习、机器学习算法回顾、搭建深度学习环境。

1.1 机器学习与深度学习

深度学习是一种强大的多层架构，可以用于模式识别、信号检测以及分类或预测等多个领域。

1.1.1 机器学习

在介绍深度学习之前，先介绍一下机器学习。这里所说的"学习"是指从数据中学习，是指机器（计算机）可以由数据自动决定权重参数的值，并总结出来的用于进行预测的算法。此处，预测是个非常笼统的概念，包括数值预测和类别预测。例如，机器学习中的预测可以包括预测某位消费者在一家指定的公司将会花费多少（数值预测），或者预测一笔信用卡消费中是否存在欺诈（二分类预测）；也可以是一般的模式识别，如给定的图片显示了什么字母，或者这张图片中是否有猫、狗、人、脸、建筑等（多分类预测）。

这与传统的统计分析范式具有不同之处，简单来说，在过去的范式中，研究人员输入规则和根据这些规则需要处理的数据，然后输出答案，见图 1.1.1。机器学习的范式是，人类输入数据以及从这些数据中预期得到的答案，系统通过机器学习输出规则，然后可以将这些规则应用于新数据以自动产生答案。因此机器学习系统是训练出来的而不是通过明确的程序制定出来的。

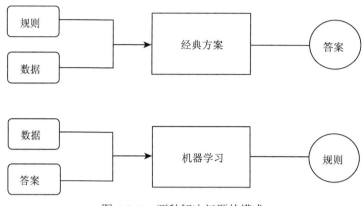

图 1.1.1　两种解决问题的模式

机器学习任务中，计算机工作人员为它提供了许多与任务相关的示例，它在这些示例中找到了统计结构，从而最终让系统自动提出任务规则。例如，如果一个机器学习系统的目标是自动在图片上添加标签，那么首先我们需要大量已经添加过标签的图片示例，然后该系统就会通过"学习"找到特定图片与特定标签之间相关联的统计规则。

机器学习与数理统计紧密相关，但它有几个重要方面与统计学不同。机器学习倾向于处理大型复杂数据集（例如，百万级规模的图像数据集，每幅图像由数万像素组成），对于这些数据集，使用贝叶斯分析等经典统计分析进行处理是不切实际的。因此，机器学习，特别是深度学习，是以工程为导向的，使用了相对较少的数理统计理论。机器学习是一个需要动手实践的学科，其中更多的想法是靠实践来证明的，而不是依靠理论推导来证明。

1.1.2　从数据中学习表示

为了定义深度学习并理解深度学习和其他机器学习方法之间的区别，下面首先介绍机器学习算法的工作原理。我们刚刚说过，在给定包含预期结果的示例中，机器学习将通过规则执行数据处理任务。因此，进行机器学习，我们需要以下三个要素。

（1）输入数据：例如，对于语音识别任务，输入数据可能是人类说话的声音文件；对于图像标记任务，输入数据可能是图像文件。

（2）预期输出的示例：例如，在语音识别任务中，输出示例可以是人类生成的根据声音文件转录的文档；在图像标记任务中，输出示例可以是"狗""猫"等之类的标签。

（3）衡量算法效果的标准：这一要素是为了测量算法的当前输出与其预期输出之间的差距。测量结果可以当作反馈信号（反向传播算法得名的原因详见第 2 章），用来调整算法，这个调整过程就是我们所说的学习。

机器学习模型将其输入数据转换为有意义的输出，这是一个从已知的输入到输出示例中进行的"学习"过程。因此，机器学习和深度学习的核心问题是：找到数据有意义的转换，换句话说，找到更接近预期输出的输入数据有价值的表示。在进一步讨论之前，我们需要先回答一个问题：什么是表示？本质上它是一种以不同的方式来查看数据、表示数据或编码数据的过程。例如，彩色图像可以用 RGB（三原色，red,green,blue）格式（用红色、绿色、蓝色存储数据的一种格式）或 HSV(色彩模型，hue,saturation,value)格式（用色调、饱和度、明度存储数据的一种格式）表示，这些是对相同数据的两种不同表示。在处理某些任务时，使用一种格式表示可能很困难，但换另一种格式表示就会变得很简单。例如，对于"选择图像中所有红色像素"这一任务，使用 RGB 格式会更简单，而对于"降低图像饱和度"的任务，使用 HSV 格式会更简单。机器学习模型就是在为输入的数据寻找合适的表示，使其更适合手头的任务。

下面具体来看一个例子。在 x 轴、y 轴以及它们构成的 (x,y) 坐标系中表示一些点，如图 1.1.2 所示。

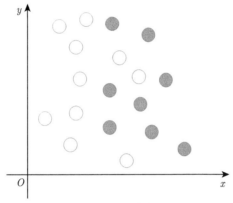

图 1.1.2　一个分类任务示例

如图 1.1.2 所示，图中有一些白点和一些黑点。假设我们想要开发一种算法，该算法可以获取一个点的坐标（x，y）并输出该点是黑色和白色的可能性，显然，这是一个分类任务。

对于这个例子：① 输入是点的坐标；② 预期输出是点的颜色；③ 衡量算法好坏的标准是正确分类的百分比。

下面对数据建立一种新表示，即将白点与黑点完全分开。可用的方法有很多，这里使用的是坐标变换，如图 1.1.3 所示。

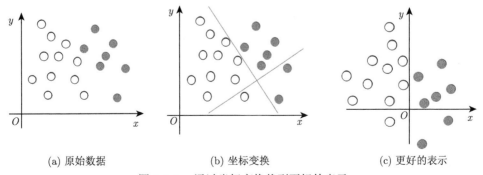

(a) 原始数据　　　　　(b) 坐标变换　　　　　(c) 更好的表示

图 1.1.3　通过坐标变换找到更好的表示

在新坐标系中，点的坐标可以看作数据的一种新表示。利用该表示，黑白分类问题可以表示为简单规则，即"黑点是 $x > 0$"或"白点是 $x < 0$"，这种新的表示基本上解决了该分类问题。

上述转换中人为进行了坐标变换。如果尝试让计算机自动地搜索不同可能的坐标变换，并用正确分类的点的百分比作为反馈信号来寻找最好的坐标变换，那么为了获得更好的表示而自动搜索的整个过程就是机器学习。

所有机器学习算法都具有自动查找这种变换的能力，这种变换可以根据任务将数据转换为更有用的表示。这些操作可以是前面提到的坐标变换、线性投影（可能带来信息损失）、平移、非线性操作（例如，选择特定点，如 $x > 0$）等。机器学习算法在寻找这些变换时通常不具有创造性，它们只是在执行一遍预定义的操作，这组操作集合称为假设空间（hypothesis space）。

这就是机器学习的技术定义：以反馈信号为指导，在预定义的假设空间内搜索某些输入数据的有用表示。这项技术可以应用于广泛的领域，例如，语音识别、自动驾驶汽车等智能任务。理解了机器学习的含义后，让我们来看看深度学习的特殊之处。

1.1.3 深度学习

深度学习是神经网络、图形化建模、优化、模式识别和信号处理等学科交叉出现的一个新兴领域，是机器学习的一个分支。其工作原理和机器学习一样，也是根据反馈信号的指导，在预定义的可能空间内搜索某些输入数据的有用表示。但与机器学习的不同之处在于，深度学习强调通过连续的数据操作来学习数据中有价值的表示。通过这些操作，数据的特征抽象度越来越高，在更高阶的层中，数据表示变得越来越有意义。

因此，深度学习中的深度并不是指达到更深层次的理解，而是指一系列连续数据操作的层（层是神经网络中的一个基本概念，未来会进一步介绍该概念，现在可以把它理解为一组操作的集合）的深度。数据模型中的层数，称为模型的深度。现代深度学习通常涉及数十个甚至数百个连续的表示层，这些表示层都是从训练数据中自动学习的。这就是深度学习的独特之处，而其他机器学习方法只涉及一层或两层数据表示，因此有时也被称为浅层学习（Spencer et al., 2015）。

深度学习中的深度（多层）架构用于映射输入或观测特征与输出之间的联系，这种深度架构使深度学习特别适合处理含有大量变量的问题，同时可以把深度学习生成的特征提取（将在后面的章节详细讨论，此处理解为变量选取或变量构建）当作学习算法整体的一部分，而不是把特征提取当作一个单独的步骤。

深度学习模型的核心思想如图 1.1.4 所示。不论开发什么特定的深度学习模型，一般都符合这个原理图。将输入数据传入模型并且通过多个非线性层进行过滤，最后一层通过激活函数（详细介绍参见第 2 章，此处理解为非线性转化即可）将前面 k 层输出的表示转化为目标输出。对于分类问题，通常是使用分类器输出目标对象属于哪一类的概率；对于连续变量，则是使用激活函数输出估计值。

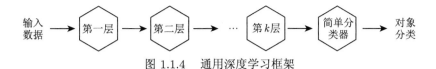

图 1.1.4　通用深度学习框架

在深度学习中，每一个中间层的表示都是从神经网络模型中学习得到的，这些神经网络模型是一个接一个逐层堆叠的结构。神经网络这一术语是人们源于对人类大脑生理学结构和功能的模仿的期望，参考神经生物学提出的，然而，虽然深度学习中的一些核心概念的命名在一定程度上受到了大脑研究的启发，但深度学习模型不是大脑的模型。没有证据表明大脑的学习机制与现代深度学习模型中使用的学习机制相同。读者可能会读到一些科普文章，宣称深度学习的工作原理就像大脑一样，或者是模仿大脑的工作原理进行建模，但事实并非如此。如果认为深度学习与神经生物学有任何关联，那么对于该领域的新手来说，这将是一件令人困惑的事情。我们不需要那种"就像我们的头脑"一样神秘的包装，同时最好忘记在深度学习和生物学之间建立的假设联系。虽然这个期望从未真正实现，但人们很快发现神经网络非常擅长分类和预测。就现阶段的研究目的而言，深度学习就是从数据中学习有价值的表示的一种数学框架。

深度学习算法学到的表示是什么样的？让我们来看一下多层网络（图 1.1.5）是如何转换数字图像以识别图像中包含的数字的。

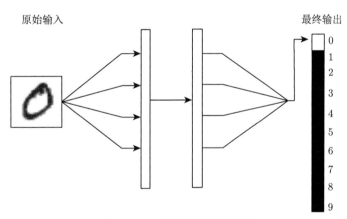

原始输入　　　　　　　　　　　最终输出

图 1.1.5　数字识别神经网络

如图 1.1.6 所示，这个网络将数字图像转换为与原始图像越来越不同的表示，并且提供越来越多的有关最终结果的信息。我们可以将深度网络视为多阶段信息的提纯操作，其中随着信息穿过连续的过滤器（层），其纯度（对于目标任务而言有用的信息）越来越高。

这就是深度学习的技术定义：学习数据中有价值的表示的多级方法。这是一个简单的想法——但事实证明，非常简单的机制一旦具有足够大的规模，最终将会产生神奇的效果。

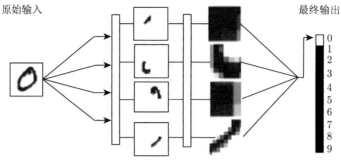

原始输入　　　　　　　　　　　　　　　　　　　　　最终输出

图 1.1.6　从数字分类模型中学习到的表示

1.1.4　深度学习的工作原理

此时，我们已经知道，机器学习是关于将输入（如图像）映射到目标（如标签）的过程，这一过程是通过观察许多输入和目标的训练数据来完成的。我们还知道，深度神经网络是通过一系列简单的数据变换（层）进行这种输入到目标的映射，并且这些数据变换是通过观察示例并从中学习得来的。现在我们来看看这种学习过程是如何发生的。

针对输入数据，神经网络中每层的具体操作都存储在该层的权重（weight）中，其本质上是一组数字。用术语来讲，每一层转换的实现是通过它的权重参数化表示（图 1.1.7）而得到的（权重有时也称为该层的参数）。在此语境中，学习意味着为神经网络中所有层都找到一组权重值，以便该神经网络能够将训练数据输入正确映射到其关联的目标中。

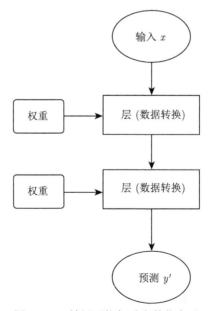

图 1.1.7　神经网络权重参数化表示

但是，一个深度神经网络可能包含数千万个参数，找到所有参数的正确值似乎是一项艰巨的任务，特别是考虑到修改某一个参数的值会带来其他参数的取值改变的连锁反应。那么，我们该如何进行参数调优呢？

想要通过调整神经网络的参数控制神经网络的输出，就需要测量此输出与预期值之间的差距，这正是神经网络损失函数的工作。损失函数需要输入网络输出的预测值和真实目标值（即我们希望网络输出的内容），它计算出两者之间的距离值，以此来衡量该网络在此特定示例上的表现，见图 1.1.8。

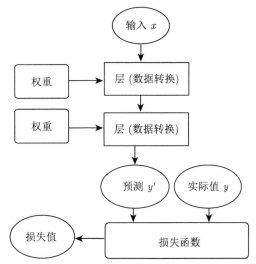

图 1.1.8 损失函数衡量网络在特定示例上的表现

深度学习的基本技巧就是使用该距离值作为反馈信号来对权重值进行微调，从而降低当前示例对应的损失值，见图 1.1.9。这种调整是由优化器完成的，它实现了所谓的反向传播算法（这是深度学习的核心算法），第 2 章将更加详细地介绍反向传播的工作原理。

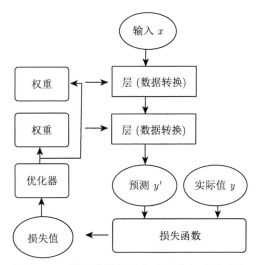

图 1.1.9 距离值被用于作为调节权重的反馈

其实，神经网络的初始权重是随机值，我们将损失值作为调节权重的反馈信号，从而实现一系列随机变换。当然，初始权重对应的输出结果往往和目标值相差很大，相应的损失值也非常高，但是，随着网络处理的训练数据越来越多，参数值会朝正确的方向不断调整，并且损失值也逐渐降低。这就是训练循环，将这种循环重复足够多的次数（通常在数千个数据容量上进行数十次迭代），就会产生使损失值达到最小的权重值。损失最小的网络是输出值与目标值尽可能接近，这就是训练好的网络。

1.1.5　神经网络与深度学习

大约从 2010 年开始，几乎被科学界遗忘的神经网络，在一些研究人员的努力下开始取得重大突破。2011 年，来自瑞士人工智能实验室（Istituto Dalle Molle di Studi sull'Intelligenza Artificiale, IDSIA）的丹·奇雷尚（Dan Ciresan）通过图形处理器（graphics processing unit，GPU）训练的深度神经网络在学术图像分类竞赛上取得了胜利，这是现代深度学习的第一次实际成功。2012 年，欣顿（Hinton）小组参加年度大规模图像分类挑战赛，ImageNet（视觉挑战赛）在当时是非常困难的，包括在对 140 万张图像进行训练后将高分辨率的彩色图像分类为 1000 个不同的类别。在 2011 年，前五名基于经典计算机视觉方法的获奖模型的准确率仅为 74.3%。就在 2012 年，在欣顿的指导下，亚历克斯·克里热夫斯基（Alex Krizhevsky）领导的团队训练的深度卷积神经网络达到 83.6% 的准确率——这是一项重大突破。从此以后，竞争都以深度卷积神经网络为主导。到 2015 年，获胜者已经实现了 96.4% 的准确率，此时 ImageNet 上的分类任务被认为是一个已经被完全解决的问题。

自 2012 年以来，深度卷积神经网络已成为所有计算机视觉任务的首选算法，更一般地说，它适用于所有感知任务。在 2015 年和 2016 年期间，主要的计算机视觉会议上，几乎找不到不涉及深度卷积神经网络的演示文稿。与此同时，深度学习也在许多其他领域的问题中得到了应用，例如，自然语言处理，它已在各种应用程序中完全取代了支持向量机（support vector machine，SVM）和决策树。此外，多年来使用决策树方法分析大型强子对撞机（large hadron collider，LHC）上阿特拉斯探测器的粒子数据的欧洲核子研究委员会（Conseil European pour la Recherche Nucleaire，CERN），最终也改用了基于 Keras 的深度神经网络这一方法，这是因为深度神经网络具有更好的性能，更易于在大型数据集上进行训练。

1.1.6　深度学习的独特之处

深度学习发展如此之快的主要原因是它在许多问题上提供了更好的性能，但这不是唯一的原因。深度学习还使很多复杂的问题变得容易解决，因为它完全自动化了机器学习工作流程中最关键的步骤：特征工程。

以前的机器学习技术，通常仅涉及简单的变换，将输入数据变换到一两个连续的表示空间，如高维非线性投影或决策树。但是，复杂问题所要求的精确表示，通常不能通过这些简单的变换实现。因此，人们不得不花费很长的时间来使初始输入数据更易于通过这些方法进行处理，也就是说，人们必须手动为其数据设计好表示层，这称为特征工程。与此相反，深度学习完全自动化了这一步骤，大大简化了机器学习的工作流程。它一般通过使用一个简单的端到端的深度学习模型来替换复杂的多阶段流程。

读者可能会问，如果问题的关键是要有多个连续的表示层，是不是可以反复使用浅层方法来模拟深度学习的效果呢？在实践中，连续应用浅层学习方法的收益会随着层数的增加而快速递减，因为三层模型中最优的第一表示层并不是单层或双层模型中的最优第一表示层。深度学习的优势在于，它可以让一个模型在同一时间优化所有表示层的参数，而不是依次连续学习（这种学习方法称为贪婪学习）。通过联合特征学习，每当模型调整某个内部特征时，依赖于该特征的所有其他特征都自动调整适应，而无须人为干预，一切都由一个反馈信号监督，即模型中的每个变化都服务于最终目标，使损失函数值达到最小，这比贪婪地堆叠浅层模型要强大得多。

深度学习从数据中学习具有以下两个基本特征，这两个特征使深度学习方法比以前的机器学习方法更加成功。

（1）通过渐进的、逐层的方式，构成越来越复杂的表示方式。

（2）对中间的这些渐进的表示层同时进行学习，每层学习的更新都需要同时考虑上面层的需求和下面层的需求。

1.1.7 到目前为止深度学习已经取得的进展

虽然深度学习是机器学习一个相当古老的子领域，但它在 20 世纪初才崭露头角。在此之后的几年里，它在实践中取得了突破性进展，在（视觉和听觉）感知问题上取得了显著成果。而这些问题所涉及的技术，对人类而言似乎是很自然、很直观的，但却一直是机器难以驾驭的领域。

特别需要强调的是，在历史上机器学习难以突破的领域中，深度学习实现了以下突破。

（1）接近人类能力的图像分类能力。

（2）接近人类能力的语音识别能力。

（3）接近人类能力的手写文字转录能力。

（4）改进了机器翻译。

（5）改进了文本到语音的转换。

（6）实现了语音助手，如 Siri、Google Now 和微软 Cortana。

（7）接近人类能力的自动驾驶能力。

（8）谷歌、百度和必应使用的改进的广告定位算法。

（9）改进了 Web（网络）上的搜索结果。

（10）能够回答用自然语言提出的问题。

（11）在围棋上战胜人类。

深度学习的更多能力仍在不断探索中，研究者已经开始将其应用于机器感知和自然语言理解之外的各种问题，如形式推理。如果成功的话，这可能预示着深度学习帮助人们进行科学研究、开发软件等智能时代的到来。

1.2　人工智能与深度学习

近几年中，深度学习常和人工智能（artificial intelligence，AI）出现在热点新闻中。在媒体报道中，未来会有智能聊天机器人、自动驾驶汽车和虚拟助手等智能设备，并且大部分经济活动将由机器人处理或由人工智能体来完成。那么究竟什么是人工智能？它和之前介绍的机器学习和深度学习之间如何相互关联？如图 1.2.1 所示。

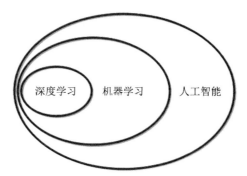

图 1.2.1　人工智能、机器学习和深度学习的关系

1.2.1　人工智能

人工智能诞生于 20 世纪 50 年代，当时的新兴学科——计算机科学，其中的少数先驱者开始提出设想：计算机是否可以 "思考"？这一问题我们至今仍在探索。该问题的简明定义如下：努力将通常由人类完成的智力任务自动化。因此，人工智能是一个既包括机器学习和深度学习，又包括许多不涉及任何学习方法（如专家决策）的综合性的领域。例如，早期的国际象棋程序只涉及由程序员制作的硬编码规则，并不满足机器学习的条件。很长一段时间以来，许多专家认为，只要让程序员人工制作一套足够大的处理问题的明确规则，就可以实现人类级的人工智能。这种方法被称为符号主义人工智能，它是 20 世纪 50 年代到 80 年代后期人工智能的主流范式。虽然符号主义人工智能被证明适合解决定义明确的逻辑问题，如下棋，但它难以找出解决更复杂的模糊问题的明确规则（如图像分类、语音识别和语言翻译）。于是出现了一种新的方法来代替符号主义人工智能：机器学习。

在维多利亚时代的英格兰，查尔斯·巴贝奇（Charles Babbage）也是第一台通用分析机的发明者，分析机不是一般意义上的计算机，它可以通过使用机械操作来自动完成数学分析领域的某些计算。1843 年，查尔斯·巴贝奇的朋友兼合作者阿达·洛夫莱斯（Ada Lovelace）伯爵夫人评论了这项发明，她说："分析机无论如何都不能创造新东西，只可以做任何我们命令它执行的事情 …… 它的职责是帮助我们去实现我们已知的事情。"

这篇评论后来被人工智能先驱图灵引用到一篇论文中，并将其称为《阿达·洛夫莱斯伯爵夫人的异议》，这篇论文是图灵在 1950 年发表的一篇具有里程碑意义的论文。图灵在这篇论文中介绍了图灵测试以及即将形成的人工智能的关键概念。图灵在引述阿达·洛夫莱斯伯爵夫人观点的同时，也提出了通用计算机是否能够学习和创新的思考，并给出了肯定的答案（Turing，1950）。

1.2.2　谨慎对待短期成就

虽然近年来人工智能在深度学习方面取得了显著成就，但现阶段人们对未来短期时间内该领域能够实现的目标期望过高。尽管像自动驾驶汽车这样能改变世界的应用已经触手可及，但更多的应用可能在长时间内仍然难以实现，例如，可靠的人机对话系统、与人类水平相当的跨任意语言的机器翻译以及等同人类水平的自然语言理解。特别是，我们不应该把达到人类水平的通用智能的讨论看得过于重要。对短期抱有很高期望的风险是，一旦技术未能实现，研究投入资金将会枯竭，而这会导致长期进展放慢。

这种事以前就发生过，人们曾对人工智能过于乐观，然后是失望和怀疑，进而导致缺乏研究资金。这种循环发生过两次，它始于 20 世纪 60 年代的符号主义人工智能。在早期那些年，人们热烈地对人工智能的未来进行预测。符号主义人工智能方法最著名的先驱者和支持者之一马文·闵斯基（Marvin Minsky）在 1967 年宣称："在一代人之内……创造'人工智能'的问题将基本解决。"在 1970 年，他做了一个更准确的量化预测："在 3～8 年内，我们将拥有一台具有普通人类平均智力水平的机器。"而直到今天，这样的目标还未曾实现，甚至在未来似乎仍然遥遥无期，到目前为止我们无法预测需要多长时间才能实现。但在 20 世纪 60 年代和 70 年代初期，一些专家认为它即将到来，几年后，由于这些过高的预期未能实现，研究人员和政府将资金转向其他领域，这标志着第一次人工智能冬季的开始（人工智能冬季这一术语是由那些经历过 1974 年整个社会研究热情大规模衰退的人工智能科学家，面对 20 世纪 80 年代兴起的整个社会对专家系统异乎寻常的研究热情，为了警示随之可能的巨大落差而创造的，是对当时那种研究困境的描述）。

20 世纪 80 年代，一种新的符号主义人工智能专家系统开始受到大公司追捧。世界各地的公司都开始在内部设立人工智能部门来开发专家系统。大约在 1985 年，各家公司每年在技术上的花费超过 10 亿美元，到了 20 世纪 90 年代初，由于这些系统的维护成本高、难以扩展，并且应用范围有限，人们逐渐对其失去兴趣，于是第二次人工智能的冬天开始了。

目前我们可能正在目睹人工智能扩张和收缩的第三个周期——现在正处于过于乐观的阶段。最好的做法是调整我们短期的预期，并确保不太熟悉该领域的人清楚地了解深度学习能够做什么和不能做什么。

1.2.3　人工智能的未来

虽然我们对人工智能的短期期望可能过高，一些目标还遥遥无期、难以实现，但它的长期前景仍然光明。我们才刚刚开始将深度学习应用于许多重要问题，从医学诊断到数字助理，它们可以证明深度学习具有变革性。在过去几年中，人工智能研究一直在快速前进，这在很大程度上归功于在人工智能方面前所未有的资金投入，但到目前为止，这些进展却很少能够转化为改变世界的产品和进程。大多数深度学习的研究成果尚未进入应用，或者不适用于所有行业解决各种实际问题。当然，我们可以向智能手机询问简单的问题并获得合理的答案，可以在淘宝上获得千人千面的产品推荐，还可以在谷歌照片上搜索"生日"并立即查到自己孩子生日派对的照片。但这些仍然只是我们日常生活的附属品，人工智能目前尚未成为人们工作、思考和生活方式的核心。

现在，似乎还很难相信人工智能会对我们的世界产生巨大的影响，因为它还没有得到广泛的部署。就像在 20 世纪 90 年代人们难以相信互联网会有如此大的影响一样，今天的深度学习和人工智能也是如此。但要相信，人工智能即将到来。在不远的将来，人工智能将成为我们的助手，甚至是朋友，它会回答我们的问题，帮助我们教育孩子，并关注我们的健康。它将把生活用品送到家门口，并开车带我们到达目的地。它将成为我们与日益复杂和日益信息密集的世界的接口。更重要的是，人工智能将会帮助科学家在所有科学领域（从基因学到数学）取得突破性的进展，从而帮助人类整体向前发展。

我们可能会在未来发展的道路上遇到一些挫折，也可能会再遇到一个新的人工智能冬季，但最终我们会实现上述目标。人工智能终将会渗透到社会和日常生活的方方面面，就像今天的互联网一样。要谨慎对待短期的成就，相信长远的愿景。

1.3 机器学习算法回顾

深度学习已达到人工智能史上前所未有的公众关注度和行业投资水平，但它并不是第一个成功的机器学习形式。可以肯定地说，当今业界使用的大多数机器学习算法都不是深度学习算法。深度学习并不总是适合工作的工具，有时没有足够的数据可供深度学习应用，有时候问题可以通过其他算法更好地解决。如果尚未接触机器学习就直接接触深度学习，那么可能会发现自己所拥有的只是深度学习的"锤子"，每一个机器学习问题都开始变得像"钉子"一样。不陷入这个陷阱的唯一方法是熟悉其他方法并在适当的时候使用它们。

本节将简要介绍经典机器学习方法，并描述它们的发展历史背景。这将帮助我们在更广泛的机器学习环境中更好地理解和学习相关技术，更好地了解深度学习起源及其重要性。

1.3.1 统计建模

统计建模是统计学原理在数据分析中的应用，它是最早的机器学习形式之一，至今仍被广泛使用。该类别中最著名的算法之一是朴素贝叶斯算法。朴素贝叶斯分类器是一种机器学习分类器，它基于贝叶斯定理，同时假设输入数据中的特征都是独立的（这是一个强大的假设或者说"朴素"的假设，朴素贝叶斯名称正是来源于此）。这种数据分析形式的出现早于计算机的发明，并且在第一台计算机被应用之前的数十年就通过手工应用得以实施（最有可能追溯到 20 世纪 50 年代）。贝叶斯定理和统计学的基础可以追溯到 18 世纪，这些都是使用朴素贝叶斯分类器所需要的理论基础。

另一个密切相关的模型是逻辑回归（简称 LogReg），逻辑回归是一种分类算法，和朴素贝叶斯一样，逻辑回归的出现也比计算机的发明早很长一段时间，但由于其简单而多功能的特性，至今仍然被大量使用。数据科学家面对数据集通常会首先尝试这个算法来了解手头的分类任务。

1.3.2 早期的神经网络

神经网络的早期版本已被本章中涵盖的现代方法完全取代，但它对了解深度学习的起源有帮助。尽管神经网络的核心思想早在 20 世纪 50 年代就以初级形式被研究，但这种方法在几十年后才被人们使用。很长一段时间内一直缺失训练大型神经网络的有效方法，这种局面在 20 世纪 80 年代中期改变了，当时很多人独立地发现了反向传播算法——一个使用梯度下降优化来训练参数化运算链的方法（第 2 章将详细介绍此概念，并将其应用于神经网络）。

神经网络的第一次成功应用是在 1989 年贝尔实验室，当时扬·勒丘恩（Yann Le-Cun）结合了卷积神经网络和反向传播的早期思想，将它们应用于手写数字分类问题。由此产生的神经网络模型，称为 LeNet（该模型将在第 5 章详细介绍），并在 20 世纪 90 年代被美国邮政局用于自动读取邮件信封上的邮政编码。

在介绍神经网络之前，先来看看神经网络得名的原因——生物神经元，图 1.3.1 阐明了一个生物神经元的工作原理。生物神经元通过电信号向彼此传递信号或信息。邻近的神经元通过树突来接收这些信号。信息从树突流向主细胞体，称为胞体，并通过轴突到达突末端。实质上，生物神经元是各种生物功能互相传递信息的计算机。

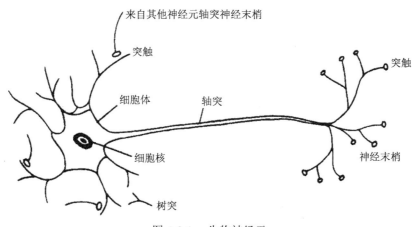

图 1.3.1　生物神经元

人工神经网络的核心就是一个数学节点、单位或神经元。神经元是神经网络基本的处理元素。输入层神经元通过数学函数处理接收到的传入信息，然后分配给中间层神经元。这些信息由中间层神经元处理并传递到输出层神经元，如图 1.3.2 所示，这里的关键是信息通过激活函数进行处理。激活函数模拟了大脑神经元的工作原理，通过输入信号的强度决定神经元是否被激活。

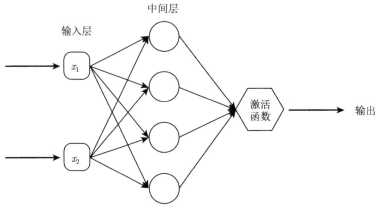

图 1.3.2　基本神经网络结构

神经网络可以用来解决各种各样的问题,这是因为理论上,它可以拟合任何可计算的函数。实际上,神经网络对那些容忍一定误差、有大量可用的历史或样本数据却难以应用硬性和快速规则的问题非常实用。

一个神经网络是由许多被称为神经元的互连节点构成的。这些节点通常被安排到若干层。一个典型的前馈神经网络至少有一个输入层、一个中间层和一个输出层。输入层的节点对应着希望输入神经网络中的特征或属性的数量。这和线性回归模型中使用的协变量非常类似。输出节点的数量对应着希望预测或分类的项目数量。中间层节点通常用于对原始输入属性进行非线性变换。

在最简单的形式中,前馈神经网络通过网络传播属性信息来进行预测,其输出结果对于回归是连续的,对于分类是离散的。图 1.3.2 显示了一个典型的前馈神经网络拓扑结构。它有两个输入节点、1 个有 4 个节点的中间层、1 个输出节点。信息从输入属性正向输送到中间层,然后到提供分类或回归分析的输出节点。因为信息通过网络向前传播,所以称为前馈神经网络。

图 1.3.3 展示的是一个典型的多层感知机网络的拓扑结构,这个特定的模型有 6 个输入节点,2 个中间层,每个中间层有两个节点,输出变量被称为类别。

下面对该处理的结果进行加权并分配给下一层中的神经元。本质上,神经元是通过加权来相互激活的。这确保了两个神经元之间的连接强度是根据处理的信息权重来确定的。

每个神经元都包含一个激活函数和一个阈值。阈值是激活神经元所需要输入的最小值。因此神经元的任务是对输入信号执行加权、求和并在将结果输出传递到下一层之前应用激活函数。因此,我们看到输入层对输入数据执行这个求和操作。中间层神经元对输入层神经元传递给它们的加权信息进行求和。输出层神经元对从中间层神经元传递给它们的加权信息进行求和。

图 1.3.4 展示了一个单独神经元的工作原理。已知一个输入属性的样本为 $x_1, \cdots, x_n$,连到神经元的每个连接都有一个对应的权重为 w_{ij},然后神经元根据下面的公式对所有的输入进行求和:

$$f(u) = \sum_{i=1}^{n} w_{ij} x_j + b_j$$

式中，参数 b_j 称为偏差，与线性回归模型中的截距相似。它允许网络将激活函数"向上"或"向下"移动。这种灵活性对于机器学习的成功是非常重要的。

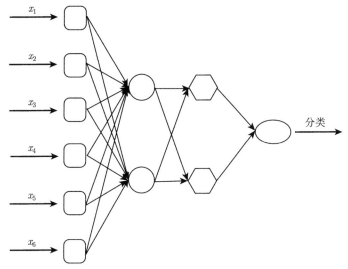

图 1.3.3　多层感知机网络的拓扑结构

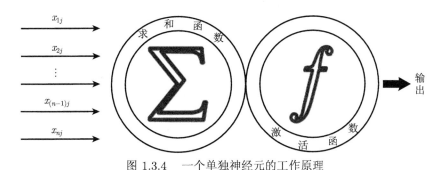

图 1.3.4　一个单独神经元的工作原理

1.3.3 核方法

神经网络在 20 世纪 90 年代开始被研究人员关注，但核方法是一种新的机器学习方法，随着它逐渐成名，人们迅速地将神经网络抛诸脑后。核方法是一组分类算法，其中最著名的是支持向量机。尽管 Vapnik 和 Chervonenkis（1964）提出了一个较旧的线性公式，但支持向量机的现代表述由 Cortes 和 Vapnik 于 20 世纪 90 年代早期在贝尔实验室开发并于 1995 年出版（Cortes and Vapnik，1995）。

支持向量机旨在通过在属于两个不同类别的两组点之间，找到良好的决策边界来解决分类问题，见图 1.3.5。一个决策边界可以被认为是将训练数据分成两类的一条空间直线或一个空间直面。对新数据点进行分类时，只需要检查它们所处的是决策边界的哪一侧。

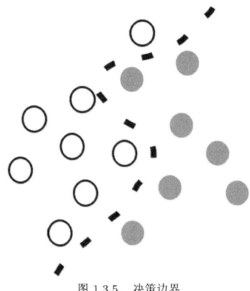

图 1.3.5   决策边界

支持向量机通过两个步骤来查找这些边界。

（1）数据被映射到高维空间：其中决策边界可以表示为超平面 [如果数据是二维的（图 1.3.5），超平面退化成直线]。

（2）通过尝试最大化超平面与来自每个类的最近数据点之间的距离来确定最优决策边界（分割超平面），这一步骤称为间隔最大化。这使决策边界很好地推广到训练数据集之外的新样本。

将数据映射到高维空间从而使分类问题变成更简单的技术，可能听起来很美好，但在实践中它通常在计算上难以实现。这就是核方法的来源（核方法正是以这一关键思想命名的）。核方法在寻找新的表示空间中好的决策超平面时，不需要明确计算新空间中点的坐标，只需要计算在该空间中的点对之间的距离，这可以使用核函数有效地完成。核函数是一种计算机易处理的操作，它将初始空间中的任意两个点映射为目标，来表示空间中这些点之间的距离，完全绕过数据向高维空间映射的计算。核函数通常是人工选择的（例如，在支持向量机方法中）而不是从数据中学习的，只有分离超平面是学习得到的。

在它们被开发的时候，支持向量机在简单的分类问题上展示了优异的性能，是有广泛的理论支持并且可以进行严格的数学分析的少数机器学习方法。由于这些有用的特性，该领域中很长一段时间内，支持向量机都变得非常流行。但支持向量机很难扩展到大型数据集和感知问题上，例如，在图像分类问题上就没有得出良好的结果。这是因为支持向量机是一种浅层方法，若要应用于感知问题，首先需要手动提取有用的表示（称为特征工程），这个过程充满困难和不确定性。

1.3.4　决策树、随机森林和梯度提升决策树

决策树是类似流程图的结构，可用于对输入数据点进行分类或预测给定输入的输出值（图 1.3.6），且易于可视化和解释。从数据中学习得到决策树在 20 世纪初开始受到

关注，到 2010 年，它们在多数情况下已经优于核方法。

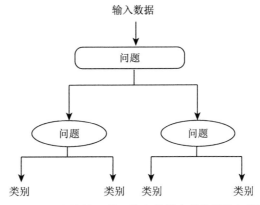

图 1.3.6 决策树：学习的参数是有关数据的问题

特别是随机森林算法，它引入了一个可靠且实用的决策树学习方法，即构建大量专用决策树，然后集成输出。随机森林适用于各种各样的问题，对于浅层机器学习任务，随机森林可以说是第二好的算法。当机器学习竞赛网站 Kaggle（kaggle.com）在 2010 年上线后，随机森林迅速成为最受欢迎的机器学习算法。直到 2014 年，才被梯度提升决策树替代。梯度提升决策树是一种基于集合弱预测模型（通常是决策树）的机器学习技术。它使用了深度学习在其他领域的梯度提升方法，通过迭代训练新模型，解决了先前模型的弱点，改进了机器学习模型的学习能力。当它应用于决策树且使用梯度增强技术的模型，在具有随机森林相似属性的同时，多数情况下模型的拟合效果还严格优于随机森林。因此梯度提升决策树可能是当今处理非感知数据的最佳算法之一，和深度学习一样，它也是 Kaggle 比赛中常用的技术之一。

1.4 搭建深度学习环境

在许多场合，来自各种学科和行业的人都会问："如何才能快速理解深度学习技术并将其运用到感兴趣的领域？"这个问题的答案在过去往往涉及阅读复杂的数学理论，然后使用 C、C++、Java 等计算机语言进行编程实现复杂的公式。但如今，随着 R 语言的兴起，使用深度学习技术变得比以往容易得多。本书的写作目的就是能让读者快速掌握基本深度技术，一步步为读者展示如何使用 R 语言统计工具包构建各种类型的深度学习模型，书中介绍的示例代码可以直接在 R 程序中运行。

1.4.1 搭建深度学习的软件环境

对于实践者来说，最枯燥的部分便是设计计算算法。虽然这个话题的内容对于理论者来说是必不可少的，但是对于实践者来说却是最不重要的，通过使用 R 工具包，几乎可以将其从实践者的学习内容中完全删除。当然，有一些知识点是必不可少的，本书也会对这些内容进行详细解释。

尽管 R 开发了大量用于机器学习的包，但用于神经网络，特别是深度学习的包相对较少。本节将介绍如何在个人计算机上安装和设置一个可以运行神经网络和深度学习的 R 环境。

对于许多统计学专业的研究者，编写 R 代码的数量并不多，通常就是几十行或者上百行代码，因此很多情况下可以直接在 R 中完成，不需要使用综合开发环境（integrated development environment，IDE），虽然效率相对较低，但也在可以接受的范围内。而对于完成深度学习任务而言，从数据读取到数据预处理再到数组重塑，最后到模型构建，通常都需要编写大量的代码，加上反复的代码调试和模型优化等，在原生 R 中将变得极为困难。因此，搭建综合开发环境对于完成深度学习任务十分必要。

比较流行的 R 综合开发环境包括 Tinn R、Emacs 和 RStudio，这三个环境各有优劣，读者可以选择其中任意一个。如果还没有决定，不妨就先和我们一同使用国内统计工作者比较喜欢的 RStudio（https://www.rstudio.com）。RStudio 的一个优点是在所有主流的平台操作系统上（Windows、Mac 和 Linux）都可用，因此即使我们更换计算机，IDE 经验仍然可以使用。此外，下载和安装 R 和 RStudio 的工作都非常简单，几乎按照默认步骤安装，就可以完成全部的安装工作。

本书使用了绰号为"漆黑的暴风夜"（dark and stormy night）的 R3.6.2 版本，操作系统平台选用 Windows10-64 位专业版。由于绝大多数统计工作者的重点在于理论创新和理论指引优化模型，而不是考量相同任务的执行效率。因此，本书的全部案例操作全部基于 Windows 环境（经测试，Windows 平台可以满足绝大多数统计工作者的建模要求）[①]。

1.4.2　R 语言神经网络包介绍[②]

1. nnet 包简介

nnet 包提供了最常见的前馈反向传播神经网络算法，实现分类预测，但 nnet 包的一个缺陷是：未涉及神经网络中的其他拓扑结构和网络模型。通过调用函数 nnet()，对参数隐蔽单元个数（size 参数）、初始随机数权重（rang 参数）、权重衰减参数（decay 参数）、最大迭代次数（maxit）进行设置以达到拟合准则值与衰减项收敛的目的（更多参数介绍详见表 1.4.1 的参数解释，下同），可以定制相应的网络。完整函数接口如下：

```
nnet(x, y,weights, size, Wts, mask, linout=FALSE, entropy=
    FALSE,softmax=FALSE, censored=FALSE, skip=FALSE, rang
    =0.7, decay=0,maxit=100, Hess=FALSE, trace=TRUE, MaxNWts
    =1000, abstol=1.0e-4, reltol=1.0e-8)
```

---

① 搭建 Linux 的工作平台可以提升工作效率，但搭建平台、维护平台以及接入平台投入的时间成本和经济成本对于一般的统计工作者来说不具有经济性，同时搭建的复杂度和后期的维护难度也可能会让很多统计工作者望而生畏。

② 该书初稿完成于 2020 年，当时 R 语言的最新版本为 3.6.2，在出版时,R 语言和 Windows 都有了最新的版本。

表 1.4.1　参数解释（一）

参数	参数解释
x	训练网络的矩阵
y	训练网络对应的目标值
size	中间层单位数目
linout	切换线性输出单位
rang	初始随机权重 $[-\text{rang}, \text{rang}]$
decay	神经元输入权重的一个修改偏正参数，表明权重是递减的（可以防止过拟合）
maxit	最大反馈迭代次数
skip	是否允许跳过中间层
Hess	是否输出 Hessian 值
trace	指出是否要最优化

2. neuralnet 包简介

neuralnet 包可以构建和训练包含多个中间层的前馈神经网络。这个包中的神经网络的一个缺陷是：只能对数值型的变量进行回归，默认是无法进行分类变量的建模的，未涉及神经网络中的其他拓扑结构和网络模型。通过调用函数 neuralnet( ) 和参数 hidden 设置中间层个数，可以定制相应的网络。完整函数接口如下：

```
neuralnet(formula, data, hidden=1, threshold=0.01, stepmax=1
    e+05,rep=1,startweights=NULL,learningrate.limit=NULL,
learningrate.factor=list(minus=0.5,plus=1.2), learningrate=
    NULL,lifesign="none",lifesign.step=1000, algorithm="rprop
    +",err.fct="sse",act.fct="logistic", linear.output=TRUE,
    exclude=NULL,constant.weights=NULL, likelihood=FALSE)
```

参数解释如表 1.4.2 所示。

表 1.4.2　参数解释（二）

参数	参数解释
formula	要拟合的模型的符号描述
data	包含公式中指定的变量的数据框
hidden	整数向量，指定每层中隐藏神经元（顶点）的数量
hidden=c(3)	表示一个中间层有 3 个神经元
hidden=c(3, 2)	表示第一、第二中间层的 3 个和 2 个隐藏单元
threshold	指定误差函数的偏导数作为停止标准的阈值
stepmax	最大迭代次数
rep	神经网络训练的重复次数
startweights	初始权重
learningrate.limit	学习率的上下限，只针对学习函数为 RPROP 和 GRPROP
learningrate.factor	同上，不过可以针对多个
learningrate	算法的学习速率，只针对传统的反向传播算法
lifesign	神经网络计算过程中打印多少函数 {none、minimal、full}
algorithm	计算神经网络的算法 {backprop, rprop+ , rprop- , sag , slr }
err.fct	计算误差，{sse, se}
act.fct	激活函数，{logistic, tanh}
lifesign.step	指定步长以在参数 lifesign 为完整模式的条件下打印最小阈值

3. SNNS 包简介

SNNS 软件是德国斯图加特大学开发的优秀神经网络软件，被国外的神经网络研究者广泛采用。R 中的 RSNNS 包是连接 R 和 SNNS 的工具，在 R 中即可直接调用 SNNS 的函数命令构建和训练多种拓扑结构和网络模型，例如，动态学习向量化（dynamic learning vector quantization，DLVQ）网络、径向基函数（radial basis function，RBF）网络、elman（elman 神经网络）、jordan（jordan 神经网络）、自组织映射（self-organizing map，SOM）神经网络、适应性共振神经（adaptive resonance theory 1，ART1）网络。

在构建堆栈式网络模型时可以调用 mlp（ ）函数。函数执行前馈反向传播神经网络，其中参数 x 为训练的输入矩阵，y 为期望得到的指示值，leanFunc 为学习功能使用函数，leanFuncParams 为学习功能使用函数参数。完整函数接口如下：

```
mlp(x,y,size=c(5), maxit=100, initFunc="Randomize_Weights",
    initFuncParams=c(-0.3, 0.3), learnFunc="Std_
    Backpropagation",learnFuncParams=c(0.2, 0), updateFunc="
    Topological_Order",updateFuncParams=c(0), hiddenActFunc="
    Act_Logistic", shufflePatterns=TRUE, linOut=FALSE,
    inputsTest=NULL,targetsTest=NULL, pruneFunc=NULL,
    pruneFuncParams=NULL)
```

参数解释见表 1.4.3。

表 1.4.3　参数解释（三）

参数	参数解释
x	训练网络的矩阵
y	训练网络对应的目标值
size	中间层的个数
maxit	最大迭代次数
initFunc	使用的初始化函数
initFuncParams	初始化函数的参数
learnFunc	使用的学习函数
learnFuncParams	学习函数的参数
hiddenActFunc	中间层的激活函数
linOut	输出单元是线性的（未被激活函数激活）还是非线性的（经过激活函数激活）
inputsTest	测试网络的输入矩阵
targetsTest	测试网络对应的输入目标矩阵
pruneFunc	使用的剪枝函数
pruneFuncParams	剪枝函数参数

4. deepnet 包简介

deepnet 是基于 GPU 的深度学习算法函数库，实现了前馈神经网络（feedforward neural network，FNN）、受限玻尔兹曼机（restricted Boltzmann machines，RBM）、深度信念网络（deep belief network，DBN）、自编码器（autoencoder，AE）、深度玻尔兹曼机（deep Boltzmann machine，DBM）和卷积神经网络（convolutional neural network，CNN）等算法，是一个相对较小但功能强大的软件包，具有多种架构可供选择。通过调

用函数 nn.train() 和参数 hidden 设置中间层个数，可以定制相应的网络。完整函数接口如下：

```
nn.train(x, y, initW=NULL, initB=NULL, hidden=c(50,20),
    activationfun="sigm",learningrate=0.8, momentum=0.5,
    learningrate_scale=1, output="sigm",numepochs=3, batch_
    size=100, hidden_dropout=0, visible_dropout=0)
```

参数解释见表 1.4.4。

表 1.4.4 参数解释（四）

参数	参数解释
x	训练网络的矩阵
y	训练网络对应的目标值
initW	随机初始化参数权重
initB	随机初始化参数偏置
hidden	控制中间层单元的数量
activationfun	中间层的激活函数（可以是 Sigmoid、linear 或 tanh）
learningrate	算法的学习速率
momentum	全局的动量值
learningrate_scale	算法的学习率
output	输出层的激活函数（可以是 Sigmoid、linear、tanh）
numepochs	训练的周期数
batch_size	每批处理样本量
hidden_dropout	隐藏图层的丢弃率
visible_dropout	显现图层的丢弃率

5. AMORE 包

AMORE 包适用于构建和训练多层神经网络，可以用于拟合非线性函数。通过调用函数 newff() 和参数 hidden.layer 设置中间层个数，可以定制相应的网络。完整函数接口如下：

```
newff(n.neurons, learning.rate.global,momentum.global,error.
    criterium,Stao, hidden.layer, output.layer, method)
```

参数解释见表 1.4.5。

表 1.4.5 参数解释（五）

参数	参数解释
n.neurons	数值向量，包含每层的神经元的数目，第一个数是输入神经元的数量，最后是输出神经元的数量，其余都是中间层神经元的数量
learning.rate.global	全局的学习率
momentum.global	全局的动量值
error.criterium	误差衡量算法，其中 LMS 为误差平方和，LMLS 为对数平方差
Stao	为 TAO 函数
hidden.layer	中间层激活函数
output.layer	输出层激活函数
method	学习方法

6. Rdbn 包

Rdbn 包可以实现多层神经网络的构建和训练。通过调用函数 dbn() 和参数 layer_sizes 设置中间层个数，可以定制相应的网络。完整函数接口如下：

```
dbn(x=x[,-trainIndx], y=y[trainIndx], layer_sizes=c(18,100,
    150), batch_size=10, momentum_decay=0.9, learning_rate
    =0.1, weight_cost=1e-4, n_threads=8)
```

参数解释见表 1.4.6。

表 1.4.6 参数解释（六）

参数	参数解释
x	训练网络的矩阵
y	训练网络对应的目标值
batch_size	每批处理样本量
learning_rate	学习率

7. darch 包简介

darch 包可以构建和训练多层神经网络。通过调用函数 darch() 和参数 layers 设置中间层个数，可以定制相应的网络。完整函数接口如下：

```
darch(train.x, train.y, rbm.numEpochs=0, rbm.batchSize=100,
    rbm.trainOutputLayer=F, rbm.numCD=1, rbm.numEpochs=0,
    darch.batchSize=1, darch.fineTuneFunction=
    backpropagation, layers=c(784,100,10), darch.batchSize
    =100, darch.learnRate=2, darch.retainData=F, darch.
    numEpochs=20)
```

参数解释见表 1.4.7。

表 1.4.7 参数解释（七）

参数	参数解释
x	训练网络的矩阵
y	训练网络对应的目标值
layers	包含一个整数的矢量，为每个图层中的神经元数量（包括输入和输出图层）
rbm.batchSize	预训练批量大小
rbm.trainOutputLayer	预训练使用的布尔值。若 rbm.trainOutputLayer=T，RBM 的输出层也会被训练
rbm.numCD	执行对比分歧的完整步数
rbm.numEpochs	训练的周期数
darch.batchSize	每批处理样本量
darch.fineTuneFunction	微调功能

8. H2O 包简介

H2O 包为 R 提供了一个到 H2O 软件的接口。H2O 用 Java 语言编写，执行速度快，扩展能力强。它不仅提供深度学习的功能，还提供许多其他流行的机器学习算法和模型。通过调用函数 h2o.deeplearning()和参数 hidden 设置中间层个数，可以定制相应的网络。完整函数接口如下：

```
h2o.deeplearning(x=names(train),training_frame=train,
activation="Tanh", autoencoder=TRUE, hidden=c(50,20,50),
sparse=TRUE, epochs=100)
```

参数解释见表 1.4.8。

表 1.4.8　参数解释（八）

参数	参数解释
x	训练集变量名
activation	激活函数
training_frame	训练集数据框
autoencoder	自动编码器
hidden	中间层结构
sparse	表示高度零的布尔值
epochs	迭代周期

9. MXNetR 包

MXNetR 包是用 C++ 编写的 MXNet 库的接口，包含前馈神经网络和卷积神经网络。它还允许人们构建自定义模型，该包包含两个版本，即中央处理器（central processing unit，CPU）版本或 GPU 版本，CPU 版本可以直接从 R 内部安装，GPU 版本依赖于第三方库，如 cuDNN，需要从源代码构建库。可以使用 mx.mlp() 函数调用前馈神经网络，mx.mlp() 本质上是通过使用 MXNetR 的 "符号" 系统来定义神经网络的更灵活但更长的过程的代理，该符号是 MXNet 中的神经网络构建块。它是一种功能对象，可以接收多个输入变量并产生多个输出变量。各个符号可以堆叠在一起以产生复杂的符号。这有助于形成具有各层的复杂神经网络，每层被定义为彼此堆叠的单个符号。完整函数接口如下：

```
mx.mlp(data, label,hidden_node=1,dropout=NULL,activation=
     tanh,out_activation=softmax,device=mx.ctx.default())
```

参数解释见表 1.4.9。

表 1.4.9　参数解释（九）

参数	参数解释
data	训练网络的矩阵
label	训练网络的标签
hidden_node	每个中间层中隐藏节点数的向量
dropout	是 [0,1] 中的数字，表示从最后一个中间层到输出层的丢弃率
activation	单个字符串或包含激活函数名称的向量。有效值是 { 'relu', 'Sigmoid', 'softrelu', 'tanh'}
device	是否训练 mx.cpu（默认）或 mx.gpu

10. Keras 包

Keras 包是一个简洁、高度模块化的神经网络库，它的设计参考了 Torch，用 Python 语言编写，支持调用 GPU 和 CPU 优化后的 Theano 运算。Keras 是 RStudio 公司开发的一个 R 包，是 Keras 深度学习框架的 R 语言接口，利用这个包，就可以在 R 平台上面编写代码，快速搭建神经网络模型，通过使用应用程序编程接口（application programming interface，API）函数实现高级的神经网络搭建工作。相较于其他深度学习的 R 包，优势在于能够模块化各个部分，如神经层、损失函数、优化器、初始化、激活函数和正则化等都是独立的模块，可以组合在一起创建模型，其中每个模块都保持简短和简单易扩展性，由于 Keras 包上手容易、扩展性强，可以在研究中不断地扩增其中的模式，对于实际问题能够更好地找出解决方案，所以 Keras 适于做进一步的高级研究。鉴于 Keras 丰富的功能和灵活的部署能力，本书使用 Keras 作为深度学习的构建和训练工具包，下面详细介绍。完整函数接口如下：

```
model%>%fit(x, y, batch_size=32, epochs=10, verbose=1,
callbacks=None, validation_split=0.0, validation_data=None,
shuffle=True, class_weight=None, sample_weight=None,
initial_epoch=0)
```

参数解释见表 1.4.10。

表 1.4.10　参数解释（十）

参数	参数解释
x	训练网络的输入。如果模型只有一个输入，那么 x 的类型是数组，如果模型有多个输入，那么 x 的类型应当为 list，list 的元素对应于各个输入的数组
y	训练网络的标签
batch_size	指定进行梯度下降时每个 batch 包含的样本数。训练时一个 batch 的样本会被计算一次梯度下降，使目标函数优化一步
epochs	训练执行周期数
validation_data	指定验证集，此参数将覆盖 validation_spilt
shuffle	布尔值或字符串，一般为布尔值，表示是否在训练过程中随机打乱输入样本的顺序。若为字符串 "batch"，则是用来处理 HDF5 数据的特殊情况，它将在 batch 内部将数据打乱
class_weight	类别比例，将不同的类别映射为不同的权重，该参数用来在训练过程中调整损失函数（只能用于训练）
sample_weight	权重的 numpyarray，用于在训练时调整损失函数（仅用于训练）。可以传递一个一维的与样本等长的向量用于对样本进行 1 对 1 的加权，或者在面对时序数据时，传递一个形式为（samples, sequence_length）的矩阵来为每个时间步上的样本赋不同的权。这种情况下请确定在编译模型时添加了 sample_weight_mode='temporal'
initial_epoch	从该参数指定的 epoch 开始训练，在继续之前的训练时有用
return	fit 函数返回一个 History 的对象，其 History.history 属性记录了损失函数和其他指标的数值随 epoch 变化的情况，如果有验证集，也包含了验证集的这些指标变化情况

1.4.3　提升运算效率的硬件环境

在用户开始开发深度学习应用时，可能会需要搭建一个深度学习工作站。虽然计算机可以运行本书介绍的绝大多数代码，但随着目标问题涉及变量越来越多，数据量越来越大，模型结构越来越复杂，在一个 CPU 上运行深度学习代码，特别是涉及卷积神经网络图像处理和序列数据分析中的回馈神经网络的一些应用，在 CPU 上的运算速度很慢，即使是多核 CPU 也可能会让用户"望眼欲穿"。然而使用高性能 GPU，运算速度可能会提升 5~10 倍，一个大型模型运行时间是几个小时和几天的差别，如果用户还不想购置一个包含 GPU 的机器，有临时需要时也可以选择在 AWSE EC2 GPU 上运行，或者是谷歌云平台上运行实验，但要注意，云 GPU 的价格会随着时间增长变得非常昂贵①。

为了加深对深度学习领域的理解，读者可以尝试下面四件事。

（1）在网络中搜索类似于"深度学习工作机会""机器学习工作机会""机器学习工资""深度学习工资"的关键词，您从中发现了什么？

（2）确定深度学习可能会给您或您的组织带来好处的四个领域，并选择一个您最感兴趣的领域。在学习这本书其余部分的时候，始终记住这个领域。如果可能的话，现在就去收集这方面的一些数据。顺便说一句，在您的创新笔记本上记下您的想法。在您学习本书的时候，请参阅这些内容。如果您还没有这样一个笔记本——去找一个，这将是您个人拥有的寻求新的解决方案的金矿。

（3）如果您是 R 的新手，或者一段时间没有用过 R，可以通过阅读 http://cran.r-project.org/other-docs.html 上的免费教程来刷新记忆。您将会在创纪录的时间内"加快速度"。

（4）R 用户群体开始遍布各地，在您的所在地寻找一个加入吧！

---

① 当然，如果用户在本地只是执行学习和验证工作，也可以在 CPU 环境下完成。本书在需要涉及大量计算时会给出提示，此时可以用较小的样本规模和较少的迭代次数来验证代码。

第 2 章

深度学习理论基础

在介绍具体的深度学习方法之前，本章先介绍深度学习的理论基础，这些数学概念（例如，张量、张量运算、微分、梯度等）是未来理解运行机制的基础。本章内容包括张量、张量运算、导数和梯度、参数迭代估计算法、反向传播算法、损失函数、激活函数、mini-batch、神经网络拟合任意函数。

2.1 张量

深度学习处理的数据对象是我们在线性代数的学习中已经比较熟悉的概念，例如，标量、向量和矩阵[1]。为了应用于更广泛的问题、适用于更广泛的数据类型，人们进一步将标量、向量和矩阵扩展为张量，成为深度学习的基本数据结构，也是这个领域的基础概念，接下来将详细介绍它。

2.1.1 张量的定义

什么是张量呢？张量是向量和矩阵在维度上的推广。其中，标量是零维张量，向量是一维张量，矩阵是二维张量。对于更高维度的数组，采用（支持任意数量的数组维度的）张量命名。

仅包含一个数字的张量称为一个标量，也称作零维张量。一维数字数组称为一个向量，也称作一维张量，一维张量是只具有一个轴的向量（轴数是对张量维数的一个数量描述）。二维数字数组是矩阵，也称作一维张量，一维张量有两个轴（通常称为行和列）。如果将一个数组的元素替换为矩阵，将获得一个三维张量，可以在视觉上将其解释为数字的立方体。通过在阵列中打包三维张量，就可以创建四维张量，以此类推。在深度学习中，通常会操作零维 ~ 五维的张量。

---

① 标量是一个单独的数；向量是一列数，但这些数是有序排列的；矩阵是一个二维数组，其中的每一个元素的位置由行和列两个索引唯一确定。

下面是在 R 中创建一维张量的实现过程。

代码 2.1：创建一个一维张量。

```
x <- c(3,5,8)
str(x)
```

```
##  num [1:3] 3 5 8
```

```
dim(as.array(x))        #显示张量形状
```

```
## [1] 3
```

注：本书中，带有灰色底纹的部分表示代码内容，行首为"#"且无底纹的部分表示代码的输出内容。

这个向量有三个条目，所以称为三维向量。

注意：不要将三维向量与三维张量混淆。三维向量仅具有一个轴并且沿其轴具有三个维度，而三维张量具有三个轴（并且沿着每个轴可以具有任意数量的维度）。由此可见，维数既可以表示沿特定轴的条目数（如三维向量），也可以表示张量中的轴数（如五维张量），不过，为了避免产生歧义，我们通常将后一种情况称为秩为 3 的张量。

2.1.2　张量的属性

张量主要有三个属性，定义如下。

（1）张量的轴数（或秩数，rank）：是张量维数的一个数量描述。例如，三维张量具有三个轴，秩为 3；矩阵具有两个轴，秩为 2。

（2）张量的形状：是一个整数向量，描述了每个轴上有多少个维度。例如，形状如 (3、5、8) 的三维张量表示它的三个轴的维度分别为 3、5 和 8。

（3）张量的数据类型：是指张量中数据的类型。例如，张量的类型可以是 integer（整数）或 double（浮点）。在极少数情况下，可能会看到 character（字符）张量。

下面我们来看一个具体的例子，在 MNIST（mixed national institute of standards and technology）数据集[①]示例中处理数据。首先，加载 MNIST 数据集。

代码 2.2：显示张量的属性。

```
library(keras)
mnist <- dataset_mnist()
train_images <- mnist$train$x
train_labels <- mnist$train$y
```

---

① MNIST 数据集来自美国国家标准与技术研究所，训练集由来自 250 个不同人手写的数字构成，其中 50% 是高中学生，50% 来自人口普查局的工作人员。测试集也是同样比例的手写数字数据。该数据集是机器学习领域有名的数据集之一，被应用于从简单的实验到发表的论文研究等各种场合。

```
test_images <- mnist$test$x
test_labels <- mnist$test$y          # 加载 MNIST 数据集

length(dim(train_images))        # 显示张量的轴数

## [1] 3

dim(train_images)        # 显示它的形状

## [1] 60000    28    28

typeof(train_images)        # 显示它的数据类型

## [1] "integer"
```

所以 MNIST 数据集是一个整数类型的三维张量，更确切地说，它是一个包含 60 000 个 28×28 整数矩阵的数组。每个这样的矩阵都是一张灰度图像，变量取值为 0~255。

2.1.3   数据张量的类型

我们经常遇到的数据张量，几乎总是属于以下类别。

（1）向量数据：即二维张量，形状为（样本编号，特征）。

（2）序列数据：即三维张量，形状为（样本编号，时间戳，特征）。

（3）图像数据：即四维张量，形状为（样本编号，高度，宽度，通道）。

（4）视频数据：即五维张量，形状为（样本编号，帧，高度，宽度，通道）。

1. 向量数据

向量数据是最常见的，在这样的数据集中，每个单独的数据点可以编码为一个向量，因此一批数据将被编码为二维张量（即向量数组），第一个轴是采样轴，第二个轴是特征轴。

例如，一个包括每个人的年龄、邮政编码和收入的精算数据集。每个人具有 3 个特征属性，数据集的样本量为 100 000 人，可以将整个数据集存储在形状为 (100 000,3) 的二维张量中。第一个轴的维度为 100 000，代表有 100 000 个样本，第二个轴的维度为 3，代表三个属性数据。

2. 序列数据

对于数据来讲，如果时间因素或序列顺序的概念很重要，那么就有必要将其存储在包含时间轴的三维张量中。其中每个样本可以编码为一系列向量（二维张量），因此这样的一批数据就被编码为三维张量，如图 2.1.1 所示。

9	11	−6	12	−12
15	24	33	18	9
6	34	26	16	−12
122	−32	28	−4	31
37	16	66	90	128

图 2.1.1　三维时间序列数据张量

　　按照惯例，时间轴始终是第二个轴，例如，股票价格的数据集每分钟都会存储当前的股票在过去一分钟的现价、最高价以及最低价。因此，每分钟被编码为三维向量，整个交易日（每个交易日有 390min）被编码成形状为 (390,3) 的二维张量，并且 250 天的数据可以存储在形状为 (250,390,3) 的三维张量中。在这里，每个样本都是一天的数据。第一个轴的维度是 250，代表有 250 个样本，第二个轴的维度是 390，代表每个样本有 390 个时序采样，第三个轴的维度是 3，代表每个时序采样包括 3 个取值。

　　3. 图像数据

　　图像通常具有三个维度：高度、宽度和颜色深度。由于灰度图像（如 MNIST 数据集）仅具有单个颜色通道，因此可以存储在二维张量中，但是按照惯例，图像张量总是存储在三维张量中。因此，128 张尺寸为 256 像素 ×256 像素的灰度图像通常存储在形状为 (128,256,256,1) 的四维张量中，相应地，一批 128 张彩色图像可以在形状为 (128,256,256,3) 的四维张量中存储，如图 2.1.2 所示。

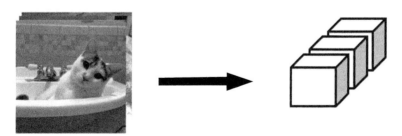

图 2.1.2　四维图像数据张量

　　4. 视频数据

　　视频数据需要使用五维张量来存储。因为视频可以理解为帧序列，每一帧是彩色图像。因此每一帧可以存储在三维张量 (height,width,color_depth) 中，所以帧的序列可

以以四维张量 (frames,height,width,color_depth) 存储，因此一批不同的视频可以存储在五维张量的形状中 (samples,frames,height,width,color_depth)。

例如，以每秒 4 帧采样，时长为 30s，像素为 540×960 的抖音视频片段将具有 120 帧。一批四个这样的视频剪辑将以张量形状 (4,120,540,960,3) 存储，这总共有 746 496 000 个值。如果张量的数据类型是 double，每个值以 64 位存储，则该张量存储将占用约 5695MB 的空间。但在现实生活中我们遇到的视频要比它小得多，因为它们不存储在 float32 中，并且它们通常被大量压缩 [例如，动态图像专家组（moving pictures experts group，MPEG）格式]。

2.2　张量运算

深度学习中张量的所有变换都可以简化为少数几种数值型张量运算。例如，可以进行张量加法、张量乘法等运算。

在深度学习中，神经网络完全由张量运算链组成，并且所有这些张量运算都是输入数据的几何变换，那些复杂的几何变换是由基本运算逐步变换堆叠而成的。深度学习的魅力就在于：它将一个复杂的几何变换逐步变换分解为一个由基本运算构成的长链。深层网络中的每一层都对应一种转换，这种转换可以将数据一点点解开，并且深层堆叠使其具有处理极其复杂数据结构的能力。下面就介绍几种深度学习中常用的张量运算。

2.2.1　逐元素操作

逐元素操作指独立应用于张量中每个元素的操作，这意味着这些操作非常适合大规模并行实现。如果想编写一个逐元素的运算，且在 R 程序上简单实现，可以使用 for 循环。线性整流函数（rectified linear unit，ReLU，返回数据中大于零的部分，本章后面将进行详细介绍）和加法就是逐元素操作。下面先给出 ReLU 函数逐元素操作的代码。

代码 2.3：线性整流函数逐元素操作。

```
naive_relu <- function(x) {
  for (i in 1:nrow(x)) {
    for (j in 1:ncol(x)) {
      x[i, j] <- max(x[i, j], 0)
    }
  }
  return(x)
}
```

其中，x 是二维张量（R 矩阵），接下来是实现加法运算示例的代码。

代码 2.4：加法运算逐元素操作。

```
naive_add <- function(x, y) {
  for (i in 1:nrow(x)) {
    for (j in 1:ncol(x)) {
      x[i, j] <- x[i, j] + y[i, j]
    }
  }
  return(x)
}
```

根据相同的原则，可以进行逐元素乘法、减法等。但需要注意的是，逐元素操作仅适用于形状相同的二维张量的运算，在 R 中可以使用以下代码，避开 R 不擅长的循环，会使运算速度更快。

代码 2.5：Native 元素操作。

```
z <- x + y
z <- pmax(z, 0)
```

2.2.2 不同维度的张量运算

前面我们所介绍的运算操作，仅支持具有相同维度的张量。当张量维度不同时，该怎么实现运算？在 R 语言中，sweep() 函数可以实现这项操作。下面介绍 sweep() 函数在执行维度不同的张量之间运算的用法。

代码 2.6：带扫描的矩阵向量加法。

```
sweep(x, 2, y, `+`)
```

函数中，第二个参数（此处为 2）为指定第一个参数（此处为 x）的维数，第三个参数（此处为 y) 执行第四个参数的（此处为 "+"，默认函数是 "−"）操作，该操作涉及两个参数：x 和利用 aperm() 将 y 扩展为与 x 相同维度的张量。

在任意数量的维度中都可以应用扫描，并且可以应用在任何两个阵列实现向量化操作的函数上。在这里，我们使用 pmax() 函数在四维张量的两个维度上扫描二维张量。

代码 2.7：通过使用 sweep() 函数对两个维数不同的张量执行 pmax() 操作。

```
#  x 是一个随机生成，形状为 x(64,3,32,10) 的张量
x <- array(round(runif(61440,0,9)), dim=c(64,3,32,10))

#  y 是一个由数据 5 构成的形状为 (32,10) 的张量
y <- array(5, dim=c(32, 10))

#  输出 z 的形状与 x 相同，为 (64,3,32,10)
z <- sweep(x, c(3, 4), y, pmax)
```

2.2.3 张量点积

点积操作，也称为张量积，是最常见、最有用的张量操作。与逐元素操作相反，它结合了输入张量中的条目。在 R 语言中，点积使用 "*" 运算符实现。

代码 2.8：两个张量之间的点积操作。

```
z <- x %*% y
```

首先，我们来看两个向量之间点积的实现，x 和 y 均是一维张量，实现代码如下。

代码 2.9：两个向量之间点积的实现。

```
naive_vector_dot <- function(x, y) {
  z <- 0
  for (i in 1:length(x)) {
    z <- z + x[i] * y[i]
  }
  return(z)
}

v1 <- c(1, 2, 3, 4, 5)
v2 <- c(6, 7, 8, 9, 0)
v1

## [1] 1 2 3 4 5

v2

## [1] 6 7 8 9 0
```

```
naive_vector_dot(v1, v2)
```

```
## [1] 80
```

可以发现，两个向量之间的点积是标量，只有具有相同元素数的向量才能进行点积运算。

接着，我们来看矩阵 x（二维张量）和向量 y（一维张量）之间的点积，结果会返回一个向量，其元素是 y 与 x 行之间的点积，实现方式如下。

代码 2.10：矩阵 x 和向量 y 点积的实现。

```
naive_matrix_vector_dot <- function(x, y) {
  z <- rep(0, nrow(x))
  for (i in 1:nrow(x)) {
    for (j in 1:ncol(x)) {
      z[i] <- z[i] + x[i, j] * y[j]
    }
  }
  return(z)
}
```

```
m1 <- matrix(1:10, nrow=2, byrow=TRUE)
m1
```

```
##      [,1] [,2] [,3] [,4] [,5]
## [1,]    1    2    3    4    5
## [2,]    6    7    8    9   10
```

```
v1
```

```
## [1] 1 2 3 4 5
```

```
naive_matrix_vector_dot(m1, v1)
```

```
## [1]  55 130
```

可以看到，矩阵 x 和向量 y 之间的点积，得到的结果是一个向量，其元素是 y 与 x 行之间的点积。此外，还可以重用我们之前编写的代码，这些代码突出了矩阵-向量积与向量-向量积之间的关系。

代码 2.11：矩阵 x 和向量 y 点积的另一种实现。

```
naive_matrix_vector_dot <- function(x, y) {
  z <- rep(0, nrow(x))
  for (i in 1:nrow(x)) {
    z[[i]] <- naive_vector_dot(x[i,], y)
  }
  return(z)
}
```

```
m1
```

```
##      [,1] [,2] [,3] [,4] [,5]
## [1,]    1    2    3    4    5
## [2,]    6    7    8    9   10
```

```
v1
```

```
## [1] 1 2 3 4 5
```

```
naive_matrix_vector_dot(m1, v1)
```

```
## [1]   55 130
```

请注意,只要两个张量中的一个张量具有多个维度,那么 $x * y$ 与 $y * x$ 的运算结果就不再相同。

当然,点积可以推广到任意数量轴的张量中。不过最常见的应用还是两个矩阵之间的点积。当且仅当 ncol(x) 和 nrow(y) 相等时,才可以计算两个矩阵的点积 $x * y$。得到的结果是形状为 (nrow(x),ncol(y)) 的矩阵,其中元素取值是 x 行和 y 列之间的向量积。下面是矩阵点积的简单实现,x 和 y 均为二维张量。

代码 2.12:矩阵点积的简单实现。

```
naive_matrix_dot <- function(x, y) {
  z <- matrix(0, nrow=nrow(x), ncol=ncol(y))
  for (i in 1:nrow(x)) {
    for (j in 1:ncol(y)) {
      row_x <- x[i,]
      column_y <- y[,j]
      z[i, j] <- naive_vector_dot(row_x, column_y)
    }
  }
```

```
  return(z)
}

m2 <- t(m1)
m1

##      [,1] [,2] [,3] [,4] [,5]
## [1,]    1    2    3    4    5
## [2,]    6    7    8    9   10

m2

##      [,1] [,2]
## [1,]    1    6
## [2,]    2    7
## [3,]    3    8
## [4,]    4    9
## [5,]    5   10

naive_matrix_dot(m1, m2)

##      [,1] [,2]
## [1,]   55  130
## [2,]  130  330
```

2.2.4 张量重塑

在做数据预处理时，我们经常需要改变张量的形状来匹配目标形状，于是提出了张量重塑这一概念。顾名思义，张量重塑就是重新排列其行和列。当然，重新形成的张量具有与初始张量相同的元素总数。

需要注意的是，在实现张量重塑时，我们使用 array_reshape() 函数而不是 dim() 函数。因为这样就可以使用行优先语义（而不是 R 语言的默认列优先语义）重塑数据。当需要将数据重塑成适合输入给 Keras 的 R 数组时，就可以使用 array_reshape() 函数了。下面介绍一个简单的例子，帮助读者更好地理解张量重塑。

代码 2.13：张量重塑。

```
x <- matrix(c(2,4,6,8,10,12,1,3,5,7,9,11),
            nrow=3,
            ncol=4,
            byrow=TRUE)
x       # 创建一个 3×4 的矩阵
```

```
##      [,1] [,2] [,3] [,4]
## [1,]    2    4    6    8
## [2,]   10   12    1    3
## [3,]    5    7    9   11
```

```
x <- array_reshape(x, dim=c(4, 3))
x      # 重塑为一个 4×3 的矩阵
```

```
##      [,1] [,2] [,3]
## [1,]    2    4    6
## [2,]    8   10   12
## [3,]    1    3    5
## [4,]    7    9   11
```

```
x <- array_reshape(x, dim=c(2, 6))
x      # 重塑为一个 2×6 的矩阵
```

```
##      [,1] [,2] [,3] [,4] [,5] [,6]
## [1,]    2    4    6    8   10   12
## [2,]    1    3    5    7    9   11
```

张量重塑的一个特例是转置。对于矩阵,转置就是交换其行和列,使 $x\,[i,]$ 变为 $x\,[, i]$。R 语言中的 $t()$ 函数可实现这一操作。

代码 2.14:矩阵转置。

```
x <- matrix(2, nrow=20, ncol=30)
dim(x)      # 创建一个 20×30 的矩阵
```

```
## [1] 20 30
```

```
x <- t(x)
dim(x)        # 转置为 30×20 的矩阵
```

```
## [1] 30 20
```

2.3　导数和梯度

神经网络的训练过程就是将权重值调整到最佳的过程。最初,权重矩阵系数的初始值设定为小的随机值（称为随机初始化步骤），这只是一个起点，几乎没有任何有价值的表示，但通过不断训练，不断调整权重，拟合损失偏差（测量预测值与本身之间的误差），直至得到一个损失函数（后面会详细介绍，此处就理解为预测值和真实值间的偏离度，常见的均方误差就是损失函数的一种）值很低的网络。在这一过程中，会涉及微分和梯度的相关知识，本节内容将帮助读者理解这一部分。

2.3.1 导数

首先来介绍导数的定义：设函数 $y = f(x)$ 在点 x_0 的某个邻域内有定义，当自变量 x 在 x_0 处有增量 Δx，且 $x_0 + \Delta x$ 也在该邻域内时，相应的函数取得增量：

$$\Delta y = f(x_0 + \Delta x) - f(x_0)$$

当 Δx 趋于零时，若 Δy 与 Δx 之比的极限存在，则称 $y = f(x)$ 在点 x_0 处可导，并称这个极限为函数 $y = f(x)$ 在点 x_0 处的导数，记作 $f'(x)$。

导数的几何意义是函数曲线在这一点上的切线斜率。对于一元函数，某一点的导数就是平面图形上某一点的切线斜率，如图 2.3.1 所示，p 和 p_0 是函数曲线上的任意两点，过 p_0 点的切线表示函数在 p_0 点处的斜率，图中切线与 x 轴相交于点 T。

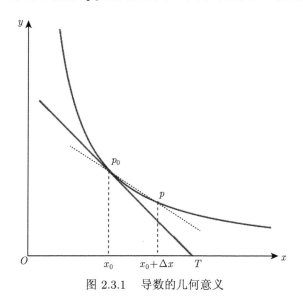

图 2.3.1　导数的几何意义

2.3.2 偏导数

偏导数的概念，是对多元函数求导而言的。对一个多变量的函数求偏导数，就是求关于其中一个变量的导数而保持其他变量恒定（全导数的概念可以作为偏导数概念的补充，全导数渗透着整合全部变量的思想，即允许函数中的所有变量发生变动）。

设有二元函数 $z = f(x, y)$，点 (x_0, y_0) 是其定义域 D 内的一点。把 y 固定在 y_0 而让 x 在 x_0 有增量即 Δx，相应地，函数 $z = f(x, y)$ 也会产生对 x 的偏增量，即

$\Delta z = f(x_0 + \Delta x, y_0) - f(x_0, y_0)$，当 $\Delta x \to 0$ 时，如果 Δz 与 Δx 之比的极限存在，那么该极限值就称为函数 $z = f(x, y)$ 在 (x_0, y_0) 处对 x 的偏导数，记作 $\dfrac{\partial f(x_0, y_0)}{\partial x}$。

$$\frac{\partial f(x_0, y_0)}{\partial x} = \lim_{\Delta x \to 0} \frac{f(x_0 + \Delta x, y_0) - f(x_0, y_0)}{\Delta x}$$

由此可见，函数 $z = f(x, y)$ 在 (x_0, y_0) 处对 x 的偏导数，实际上就是把 y 固定在 y_0 并将其看成常数，相当于一元函数 $z = f(x, y_0)$ 在 x_0 处的导数。同样地，把 x 固定在 x_0，让 y 有增量 Δy，如果极限存在，那么此极限称为函数 $z = (x, y)$ 在 (x_0, y_0) 处对 y 的偏导数，记作 $\dfrac{\partial f(x_0, y_0)}{\partial y}$。

2.3.3　微分

微分是对函数的局部变化率的一种线性描述，微分可以近似地描述成当前函数自变量的取值产生足够小的改变时，函数的值是怎样改变的。其中，这种足够小的改变是无限趋近于 0 的。对于一元函数，设函数 $y = f(x)$ 在某个邻域内有定义，在 x_0 及 $x_0 + \Delta x$ 这一足够小的区间内，如果增量可表示为

$$\Delta y = A\Delta x + o(\Delta x)$$

那么称函数 $y = f(x)$ 在点 x_0 是可微的。其中 $A\Delta x$ 为线性主部，$o(\Delta x)$ 是指 Δx 趋于 0 时的高阶无穷小，而 $A\Delta x$ 称为函数在点 x_0 处相应于自变量增量 Δx 的微分，记作 $\mathrm{d}y = A\Delta x$，A 的绝对值（导数的大小）表示了这种增加或减小的速率。对于多元函数，我们引入了全微分的概念。如果函数 $z = f(x, y)$ 在 (x_0, y_0) 处的全增量 $\Delta z = f(x_0 + \Delta x, y_0 + \Delta y) - f(x_0, y_0)$ 可以表示为

$$\Delta z = A\Delta x + B\Delta y + o(\rho)$$

此时称函数 $z = f(x, y)$ 在点 (x_0, y_0) 处可微分，$A\Delta x + B\Delta y$ 称为函数 $z = f(x, y)$ 在点 (x_0, y_0) 处的全微分，记为 $\mathrm{d}z$，即 $\mathrm{d}z = A\Delta x + B\Delta y$。其中 $\rho \to 0$，且 A、B 不依赖于 Δx、Δy，仅与 x、y 有关。

2.3.4　梯度

深度学习的主要任务是通过学习寻找最优参数，如同神经网络，也是通过学习找到最优参数。这里所说的最优参数是指使损失函数取最小值时的参数。在寻找最优解的过程中，我们往往需要使用梯度的方法。

梯度是张量的导数，它是导数概念在多维输入函数上的推广。对于具有多维输入的函数，我们在前面介绍了偏导数的概念。即偏导数 $\dfrac{\partial f(x_1, x_2, \cdots, x_n)}{\partial x_i}$ 衡量的是只有 x_i 增加时 $f(x_1, x_2, \cdots, x_n)$ 是如何变化的。对于一个向量（一维张量），它的梯度是包含所有偏导数的一个向量，梯度中的第 i 个元素均为对应 x_i 的偏导数。因此在多维情况下，临界点是梯度中所有元素都为零的点。

因此，对于给定的可微函数，理论上我们可以找到它的最小值，就是找到所有导数为 0 的点，并从这些点中找出使函数值取到最小值所对应的点，对于参数较少的神经网络，我们可以通过这种方式来找到使损失函数达到最小时的权重。

但是对于拥有庞大数量参数的神经网络来说，计算临界点这种方法的计算量太大了，几乎无法完成，因此我们需要找到一些在实际计算中更可行的办法。

2.4 参数迭代估计算法

使用神经网络建模的一个重要工作是计算网络的参数取值，与统计学中常用的参数估计方法（如矩估计法、最小二乘法、最大似然估计法）不同，神经网络由于参数众多，参数空间非常复杂，并且缺乏显性函数表达式，参数估计工作主要使用数值估计的方法。寻求使损失函数的值尽可能小的参数估计值的过程称为参数更新（updated parameter）。

在深度神经网络中，参数的数量非常庞大，导致最优化问题更加复杂。在介绍梯度概念时提过，为了找到最优参数，我们将梯度作为突破口，沿梯度方向更新参数，下面将介绍随机梯度下降（stochastic gradient descent，SGD）法，它是一个简单的方法，比起胡乱地搜索参数空间，也算是“聪明”的方法。接下来将详细介绍几种在此基础上改进的其他方法。这些方法和之前权重更新的策略不同，更新函数可以引入梯度当前值之外的更多变量（例如，可以包括梯度的前期取值，由此可以得到多种随机梯度下降变体）。例如，随机梯度下降、AdaGrad、动量随机梯度下降、RMSProp(root mean square prop) 和其他随机梯度下降。这些变体称为优化方法或优化器。

2.4.1 随机梯度下降

随机梯度下降几乎是机器学习中应用最多的优化算法，特别是在深度学习中。如果我们将数据生成 m 个小批量样本，随机梯度下降就是通过每一次迭代计算小批量的梯度，然后对参数进行更新。我们用数学公式来表示：

$$w_t = w_{t-1} - \eta \frac{\partial \mathrm{SE}}{\partial w}$$

式中，η 表示学习率；w 表示要更新的权重参数；$\frac{\partial \mathrm{SE}}{\partial w}$ 表示损失函数关于 w 的梯度。

下面我们就用一个简单的例子来介绍这个方法。

假设输入向量为 x，参数矩阵为 W，目标为 y，损失函数为 loss。我们可以使用 W 来计算目标预测值 $\hat{y}$，并计算损失函数 loss 或目标预测值 $\hat{y}$ 和目标 y 之间的不一致程度。

```
y_pred=dot(W, x)
loss_value=loss(y_pred, y)
```

如果数据输入 x 和 y 被固定，那么可以建立参数矩阵 W 和损失函数 loss 间的映射关系，即 $\text{loss}_{\text{value}} = f(W)$。

假设当前 W 的值为 W_0，那么 W_0 点的导数是一个与 W 具有相同形状的张量，记为 $\text{gradient}(f)(W_0)$，其中每个系数梯度 $(f)(W_0)[i, j]$ 表示在修改 $W_0[i, j]$ 时 $\text{loss}_{\text{value}}$ 变化的方向和幅度，张量 $\text{gradient}(f)(W_0)$ 是函数 $f(W) = \text{loss}_{\text{value}}$ 在 W_0 处的梯度。

如前面所讲，一元函数 $f(x)$ 的导数 $f'(x)$ 可以解释为曲线 f 的斜率。同样，多元变量的梯度 $\text{gradient}(f)(W_0)$ 可以解释为描述 W_0 处曲面 $f(W)$ 的曲率。此外，与一元函数 $f(x)$ 可以通过在与导数相反的方向上一点点移动 x 来减小 $f(x)$ 的值的方法一样，对于张量的 $f(W)$ 函数，我们可以通过将梯度向相反方向移动 W 来减小 $f(W)$。例如，$W_1 = W_0 -$ 学习率 $\times \text{gradient}(f)(W_0)$（学习率用于定义参数移动的速率）。顾名思义，就是逆着曲率移动。请注意，学习率是必需的，因为只有当接近 W_0 时，$\text{gradient}(f)(W_0)$ 才近似于曲率，当远离 W_0 时，上述近似条件将不再成立。

因此，随机梯度下降这一方法，就是通过计算损失函数的梯度，将权重在梯度相反的方向上移动，来减小损失函数值。通过不断地修改参数来寻找使损失函数达到最小时的参数值。

具体操作步骤可以概括为以下几点。

（1）确定训练样本 x 和相应的目标 y。

（2）在 x 上运行网络以获得预测值 $\hat{y}$。

（3）计算网络的损失函数，衡量目标 y 和目标预测值 $\hat{y}$ 之间的不一致程度。

（4）根据网络参数（后向通道）计算损耗梯度。

（5）在与梯度相反的方向上稍微移动参数，如 $W_t = W_{t-1} -$ 学习率 $\times \text{gradient}$。

下面我们来看看一维情况下（当网络只有一个参数和一个训练样本时）损失函数值是如何变动的。

虽然图 2.4.1 解释了在一维参数空间中的梯度下降过程，但实际上在高维空间中使用梯度下降，神经网络中每个权重系数都对应空间中的一个自由维度，一个神经网络可

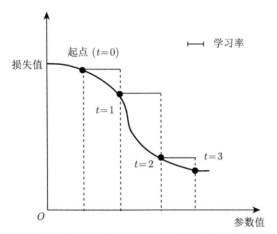

图 2.4.1 梯度下降的一维损失曲线（一个可学习的参数）

能有数万个甚至数百万个维度。为了帮助读者建立关于损失函数曲面的直观理解，我们将二维损失函数曲面进行可视化展现，并介绍沿梯度下降的过程，如图 2.4.2 所示。但是我们无法想象出神经网络的实际训练过程是什么样的，因为我们无法展示一个 1 000 000 维的空间。因此，请记住，通过这些低维表示形成的直觉在实践中可能并不准确。这也一直是深度学习研究历史上的问题来源。

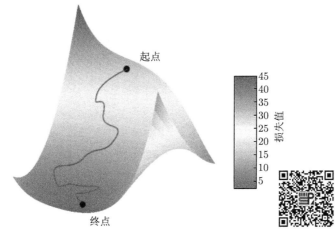

图 2.4.2 二维损失函数的梯度下降（两个可学习的参数）(彩图见二维码)

正如我们所看到的，直观来讲，选择合理的学习率非常重要。如果它太小，曲线下降将需要多次迭代，并可能陷入局部最小值。如果它太大，参数更新值可能会跳过最小值，得到曲面上的一个随机值。

考虑图 2.4.3，其中显示了学习率的曲线损失作为网络参数的函数。

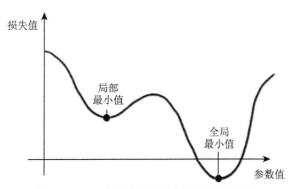

图 2.4.3 局部最小值和全局最小值示意图

正如我们所看到的，在某个参数值附近，存在局部最小值：在该点附近，向左移动将导致损失增加，但是向右移动也是如此。如果正在考虑通过随机梯度下降以很小的学习率进行参数优化，将使优化过程陷入局部最小值而不是走向全局最小值。

我们可以通过使用物理学中的动量概念来避免这些问题。可以将优化过程视为一个在损失曲线上滚动的小球。如果它有足够的动量，那么球就不会陷入局部最低点，而会到达全局的最低点。每一步球体动量的计算，不仅要考虑当前坡度（当前加速度），还要考虑当前速度（由过去的加速度产生）。在实践中，这意味着更新参数不仅要基于当前梯度值，还应该基于当前梯度值以前的参数值，例如，下面这个简单的实例。

代码 2.15：参数更新。

```
past_velocity <- 0
momentum <- 0.1
while (loss > 0.01) {
  params <- get_current_parameters()
  w <- params$w
  loss <- params$loss
  gradient <- params$gradient
  velocity <- past_velocity*momentum+learning_rate*gradient
  w <- w+momentum*velocity-learning_rate*gradient
  past_velocity <- velocity
  update_parameter(w)
}
```

对于随机梯度下降这一算法，如果函数的形状非均向，如呈延伸状，寻找路径过程的效率就会很低。这是因为梯度的方向并没有指向最小值的方向。此外，选择合适的学习率比较困难，因为要对所有的参数更新使用同样的学习率。这就意味着，对于稀疏数据或者特征，我们可能想更新快一些，因而希望学习率大一些，而对于常出现的特征，我们希望更新慢一些，即希望学习率小一些，这个时候统一的学习率就不是最佳的方案。

2.4.2 AdaGrad

在神经网络的学习中，学习率 η 的值很重要。学习率过小，会导致学习花费过多时间；反过来，学习率过大，则会导致学习发散而不能正确进行。在关于学习率的有效技巧中，有一种被称为学习率衰减的方法，即随着学习的进行，学习率逐渐减小，而 AdaGrad 会为参数的每个元素适当地调整学习率。我们用数学公式来表示：

$$h_t = h_{t-1} + \frac{\partial \mathrm{SE}}{\partial w}\frac{\partial \mathrm{SE}}{\partial w}$$

$$w_t = w_{t-1} - \eta \frac{1}{\sqrt{h}}\frac{\partial \mathrm{SE}}{\partial w}$$

式中，w 表示要更新的权重参数；$\frac{\partial \mathrm{SE}}{\partial w}$ 表示损失函数关于 w 的梯度；η 表示学习率；h 表示以前的所有梯度值的平方和。在更新参数时，通过乘以 $\frac{1}{\sqrt{h}}$ 来调整学习的尺度。这意味着参数的元素中变动较大（被大幅更新）的元素的学习率将变小。也就是说，可以按参数的元素进行学习率衰减，使变动大的参数的学习率逐渐减小。

2.4.3 动量随机梯度下降

为了避免陷入局部最优，另一种参数更新的方法是动量随机梯度下降 (momentum SGD)。动量也不仅使用当前步骤的梯度来指导搜索，而是累积过去步骤的梯度以确定要去的方向。在物理学中，动量表示为物体的质量和速度的乘积。一般而言，一个物体的动量指的是这个物体在它运动方向上保持运动的趋势。这里把权重理解成速度，当梯度改变时就会有一段逐渐加速或逐渐减速的过程，我们通过引入动量就可以加速我们的学习过程，使物体可以在局部最优处继续前行。我们用数学公式来表示：

$$v_t = \mu v_{t-1} - \eta \frac{\partial \text{SE}}{\partial w}$$

$$w_t = w_{t-1} - v_t$$

式中，v 表示更新的速率；μ 表示动量因子；η 表示学习率；w 表示要更新的权重参数；$\partial \text{SE}/\partial w$ 表示损失函数关于 w 的梯度。下降初期，使用之前的参数更新，下降方向一致，乘以较大的 η 能够进行很好的加速；下降中后期，在局部最小值来回振荡的时候，梯度逐渐趋于 0，μ 使更新幅度增大，跳出陷阱；在梯度改变方向的时候，μ 能够减少更新，总而言之，动量项能够在相关方向加速随机梯度下降，抑制振荡，从而加快收敛。

2.4.4 RMSProp

RMSProp 是杰夫·辛顿（Geoff Hinton）提出的一种自适应学习率方法，它旨在抑制梯度的锯齿下降，但与动量相比，不需要手动配置学习率超参数，由算法自动完成。更重要的是 RMSProp 可以为每个参数选择不同的学习率。此外 RMSProp 仅仅是计算对应的平均值，因此可缓解 AdaGrad 算法学习率下降较快的问题。公式如下：

$$v_t = \rho v_{t-1} + (1-\rho)\left(\frac{\partial \text{SE}}{\partial w}\right)^2$$

$$w_t = w_{t-1} - \frac{\eta}{\sqrt{v_t}}\frac{\partial \text{SE}}{\partial w}$$

式中，v 表示更新的速率；ρ 表示衰减速率；w 表示要更新的权重参数；$\partial \text{SE}/\partial w$ 表示损失函数关于 w 的梯度；η 表示学习率，因为 RMSProp 的状态变量是对平方项 $\left(\frac{\partial \text{SE}}{\partial w}\right)^2$ 的指数加权移动平均，所以可以看作最近 $\frac{1}{1-\rho}$ 时间步的小批量随机梯度平方项的加权平均。如此一来，自变量每个元素的学习率在迭代过程中不再一直降低。

2.4.5 Adam

Adam（adaptive moment estimation）本质上是带有动量项的 RMSProp，它利用梯度的一阶矩估计和二阶矩估计动态调整每个参数的学习率。Adam 的优点主要在于经过偏置校正后，每一次迭代学习率都有个确定范围，使参数比较平稳。公式如下：

$$m_t = \mu m_{t-1} + (1-\mu)\frac{\partial \mathrm{SE}}{\partial w}$$

$$n_t = v n_{t-1} + (1-v)\left(\frac{\partial \mathrm{SE}}{\partial w}\right)^2$$

$$\hat{m}_t = \frac{m_t}{1-\mu_t}$$

$$\hat{n}_t = \frac{n_t}{1-v_t}$$

$$w_t = w_{t-1} - \eta\frac{\hat{m}_t}{\sqrt{\hat{n}_t}}$$

式中，μ 表示动量因子；v 表示更新的速率；η 表示学习率；w 表示要更新的权重参数；$\partial \mathrm{SE}/\partial w$ 表示损失函数关于 w 的梯度；m_t、n_t 分别表示对梯度的一阶矩估计和二阶矩估计，可以看作对期望 $E\left|\frac{\partial \mathrm{SE}}{\partial w}\right|$、$E\left|\left(\frac{\partial \mathrm{SE}}{\partial w}\right)^2\right|$ 的估计；$\hat{m}_t$、$\hat{n}_t$ 表示对 m_t、n_t 的校正，这样可以近似为对期望的无偏估计。可以看出，直接对梯度的矩估计对内存没有额外的要求，而且可以根据梯度进行动态调整，而对学习率形成一个动态约束，且有明确的范围。Adam 算法记录了梯度的一阶矩，即过往所有梯度与当前梯度的平均，使得每一次更新时，上一次更新的梯度与当前更新的梯度不会相差太大，即梯度平滑、稳定地过渡，可以适应不稳定的目标函数。此外，Adam 记录了梯度的二阶矩，即过往梯度平方与当前梯度平方的平均，这体现了环境感知能力，为不同参数产生自适应的学习率。

到此为止，我们一共学习了随机梯度下降、AdaGrad、动量随机梯度下降、RMSProp 和 Adam 这 5 种方法，那么在面对问题时我们用哪种方法好呢？非常遗憾，到目前为止并不存在能在所有问题中都表现良好的方法。这 5 种方法各有各的特点，都有各自擅长解决的问题和不擅长解决的问题。对于稀疏数据，尽量使用自适应学习方法，即 AdaGrad 和 Adam，尤其在训练较深、较复杂的网络时，推荐使用学习率自适应的优化方法；随机梯度下降通常需要的训练时间较长，但是在好的初始化和学习率调度方案的情况下，结果更可靠。

2.5 反向传播算法

前面的内容中，我们介绍了使用微分的方法来计算神经网络中损失函数关于权重参数的梯度，这种方法虽然简单并且容易实现，但缺点是在计算上比较费时间。本节将学习一个能够高效计算权重参数梯度的方法——反向传播算法。反向传播算法是目前用来训练神经网络最常用且最有效的算法。

2.5.1 链式法则

首先，我们来了解一下链式法则。在介绍链式法则时，我们需要先从复合函数说起。复合函数是由多个简单函数嵌套而成的复杂函数。例如，$z = (x+y)^3$ 就是一个复合函数，它是由 $z = t^3$ 和 $t = x+y$ 这两个简单函数构成的。对于这样可导的复合函数，微积分的相关知识告诉我们，它的导数是用构成复合函数的各个函数的导数的乘积来表示的。即对于可导函数 $\phi(x) = f(g(x))$，存在

$$\phi'(x) = f'(g(x))g'(x)$$

我们将该求导法则称为链式法则，将链式法则应用于神经网络梯度值的计算，就构成了反向传播算法。

2.5.2 反向传播

在了解反向传播算法前，我们先来介绍一下前向传播（forward propagation）。前向传播是将训练集数据输入神经网络的输入层，然后经过中间层，最后达到输出层并输出结果的传播过程。在训练过程中，前向传播可以持续向前直到它产生一个代价函数。

但是，由于神经网络的输出结果与我们预期的结果往往存在误差，而将该误差从输出层向中间层传播，接着从中间层传播到输入层的过程就称为反向传播。反向传播算法是从最终损失值开始，从顶层到底层向后计算，并应用链式法则计算每个参数在损失值中的贡献的一种算法。反向传播的核心是对损失函数关于任何权重（或偏置）的偏导数（或）的表达式（是整个训练集上样本误差的平均，也就是损失函数的平均）。$\mathrm{SE} = f(y, \hat{y})$ 关于任何权重 w（或者偏置 b）的偏导数表达式 $\dfrac{\partial \mathrm{SE}}{\partial w}$ 告诉了我们权重和偏置发生改变时，损失函数变化的速率。为了更精确地描述反向传播算法，下面使用更精确的计算图语言来展示反向传播算法的整个过程。

假设我们有这样一个网络层，如图 2.5.1 所示。

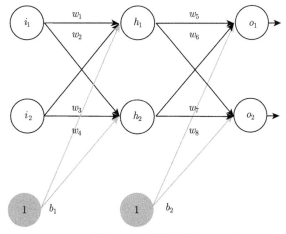

图 2.5.1   网络结构

　　如图 2.5.1 所示，第一层是输入层，包含两个神经元 i_1、i_2 和截距项 b_1；第二层是中间层，包含两个神经元 h_1、h_2 和截距项 b_2，第三层是输出 o_1、o_2，每条线上标的 w_i 是层与层之间连接的权重，激活函数我们默认为 Sigmoid 函数。现在给它们赋上初值，如图 2.5.2 所示。

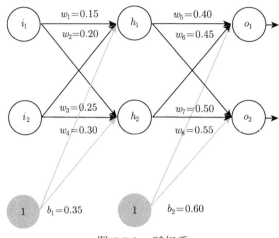

图 2.5.2　赋权重

　　其中，输入数据 $i_1 = 0.05$，$i_2 = 0.10$；初始权重 $w_1 = 0.15$，$w_2 = 0.20$，$w_3 = 0.25$，$w_4 = 0.30$；$w_5 = 0.40$，$w_6 = 0.45$，$w_7 = 0.50$，$w_8 = 0.55$；目标输出 $o_1 = 0.01$，$o_2 = 0.99$。

　　1）前向传播

　　（1）从输入层到中间层。

　　① 计算神经元 h_1 的输入加权和：

$$\mathrm{net}_{h_1} = w_1 i_1 + w_2 i_2 + b_1 \times 1 = 0.15 \times 0.05 + 0.2 \times 0.1 + 0.35 \times 1 = 0.3775$$

　　② 神经元 h_1 的输出（此处用到激活函数为 Sigmoid 函数）：

$$\mathrm{out}_{h_1} = \frac{1}{1 + \mathrm{e}^{-\mathrm{net}_{h_1}}} = \frac{1}{1 + \mathrm{e}^{-0.3775}} = 0.593\ 269\ 992$$

　　同理，可计算出神经元 h_2 的输出：$\mathrm{out}_{h_2} = 0.596\ 884\ 378$。

　　（2）从中间层到输出层。计算输出层神经元 o_1、o_2 的值：

$$\mathrm{net}_{o_1} = w_5 \mathrm{out}_{h_1} + w_6 \mathrm{out}_{h_2} + b_2 \times 1$$
$$= 0.40 \times 0.593\ 269\ 992 + 0.45 \times 0.596\ 884\ 378 + 0.60 \times 1 = 1.105\ 905\ 967$$

$$\mathrm{out}_{o_1} = \frac{1}{1 + \mathrm{e}^{-\mathrm{net}_{o_1}}} = \frac{1}{1 + \mathrm{e}^{-1.105\ 905\ 967}} = 0.751\ 365\ 07$$

　　同理，可计算出 $\mathrm{out}_{o_2} = 0.772\ 928\ 465$，这样前向传播的过程就结束了，我们得到输出值为 [0.751 365 07，0.772 928 465]，与实际值 [0.01，0.99] 相差还很远，现在我们对误差进行反向传播，更新权重，重新计算输出。

2）反向传播

（1）计算总误差：

$$SE = \sum_{i=1}^{n} \frac{1}{n}(\text{target} - \text{output})^2$$

$$SE = SE_{o_1} + SE_{o_2} = 0.298\ 371\ 109$$

式中，n 表示输出层的神经元数；target 表示目标值；output 表示输出值。

（2）从中间层到输出层的权重更新。以权重参数 w_5 为例，如果我们想知道 w_5 对整体误差产生了多少影响，可以用整体误差对 w_5 求偏导求出：

$$\frac{\partial SE}{\partial w_5} = \frac{\partial SE}{\partial \text{out}_{o_1}} \cdot \frac{\partial \text{out}_{o_1}}{\partial \text{net}_{o_1}} \cdot \frac{\partial \text{net}_{o_1}}{\partial w_5}$$

从图 2.5.3 可以更直观地看清楚误差是怎样反向传播的。

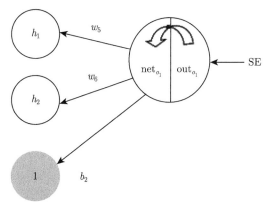

图 2.5.3　反向传播过程

这样我们就可以计算出整体误差 SE 对 w_5 的偏导值，就可以根据 $w_i^* = w_i - \eta \dfrac{\partial SE}{\partial w_i}$ 更新 w_5 的权重值，其中，η 我们取 0.5，同理，可更新 w_6、w_7、w_8 的权重值。

（3）从输入层到中间层的权值更新。方法与中间层到输出层相似，但需要注意的是，在前面计算总误差对 w_5 的偏导时，是从 out_{o_1} 到 net_{o_1} 再到 w_5 的过程，但此时，从 out_{h_1} 到 net_{h_1} 再到 w_1 的过程中，out_{h_1} 会接收 SE_{o_1} 和 SE_{o_2} 两个地方传来的误差，因此这两个地方都要计算。由此，就可以更新 w_1、w_2、w_3、w_4 的权重。这样误差反向传播法就完成了，最后我们再对更新的权重重新计算，不停地迭代，在这个例子中第一次迭代之后，总误差 SE 由 0.298 371 109 下降至 0.291 027 924。迭代 10 000 次后，总误差为 0.000 035 085，输出为 [0.015 912 196,0.984 065 734]，与目标输出 [0.01,0.99] 十分接近，证明训练效果还是不错的。

由此可见，反向传播不仅是一种深度学习的快速算法，也可以让我们细致地领悟如何通过改变权重和偏置来改变整个神经网络的行为。

以下是对反向传播的概括描述。

（1）输入训练集并为训练集中的每个样本设置对应的激活值。

（2）前向传播，计算模型误差。

（3）反向传播得到损失函数的梯度。

反向传播算法的优势在于它确保我们可以同时计算所有的偏导数 $\frac{\partial \mathrm{SE}}{\partial w_j}$，仅使用一次前向传播，加上一次反向传播。比起对每个不同的权重 w_j 都需要计算一次偏导数 $\frac{\partial \mathrm{SE}}{\partial w_j}$，直接计算所有的偏导数的反向传播算法更有优势。

理解了抽象的反向传播的理论知识，我们现在就可以实现反向传播的代码了。特别地，update_mini_batch 法通过计算当前 mini_batch 中的训练样本对网络模型的权重和偏置进行了更新。

代码 2.16：反向传播。

```
i <- 1
N <- length(self[1,])
order <- sample((1:N),N)
update_mini_batch <- function(self, mini_batch, eta) {
  i <<- i+1
  if((i+1) * mini_batch < N){
    data <- self[sample[(i * mini_batch+1):((i+1) * mini_batch-1)], ]
  }else{
    data <- self[sample[(i * mini_batch+1):N], ]
  }
  return(data)
}
```

2.6 损失函数

2.6.1 基本概念

损失函数，也称目标函数，用来衡量预测值与真实值之间不一致的程度，这个函数衡量了任务处理的成功程度。神经网络的训练过程就是以损失函数为基准，寻找权重参数，最终得到使该损失函数值达到最小的权重参数，即最优的权重参数。对于一个有多个输出结果的神经网络，需要使用多个损失函数（每个损失函数对应着一个输出）。但是随机梯度下降过程必须依赖于单一的尺度变量或者损失函数值，所以对于有多个损失值的神经网络来说，所有的损失值必须（通过平均）合并成一个单一的尺度变量。

2.6.2 常用的损失函数

针对特定问题选择正确的损失函数是至关重要的。一旦找到正确的损失函数，神经网络将会找到它能找到的捷径将损失最小化，但是，如果损失函数选择不恰当，与需要处理的问题有出入，那么神经网络将会在用户所不希望的地方停下来。因为所有神经网络在使其损失函数最小化的过程中，都是机械的，所以选择目标函数一定要恰当、有效，否则将会面对不可预期的负面效果。损失函数可以使用任意函数，但一般比较常用的是均方误差和交叉熵误差。

1. 均方误差

可以用作损失函数的函数有很多，其中最有名的是均方误差（mean squared error，MSE），下面分别针对分类问题和回归问题给出均方误差的计算公式。

对于分类问题，我们从单样本和多样本两方面进行介绍。

（1）单个样本求均方误差，公式为

$$均方误差（单样本）= \frac{1}{2}\sum_{i=1}^{k}(\hat{y}_i - y_i)^2$$

式中，$\hat{y}_i$ 表示神经网络的输出；y_i 表示目标输出；k 表示输出的类别数。

（2）多个样本求均方误差，公式为

$$均方误差（多样本）= \frac{1}{2n}\sum_{i=1}^{n}\sum_{j=1}^{k}(\hat{y}_{ij} - y_{ij})^2$$

式中，$\hat{y}_{ij}$ 表示神经网络的输出；y_{ij} 表示目标输出；n 表示样本数；k 表示输出的类别数。

对于回归问题，计算公式为

$$均方误差（回归）= \frac{1}{2n}\sum_{i=1}^{n}(\hat{y}_i - y_i)^2$$

式中，$\hat{y}_i$ 表示神经网络的输出；y_i 表示目标输出；n 表示样本数。下面我们来看一个具体的例子，在该示例中，y_i 和 $\hat{y}_i$ 均是由 10 个元素构成的一维向量。

$$y_i = [0,0,1,0,0,0,0,0,0,0]^{\mathrm{T}}$$

$$\hat{y}_i = [0.1, 0.05, 0.6, 0.0, 0.05, 0.1, 0.0, 0.1, 0.0, 0.0]^{\mathrm{T}}$$

向量元素的索引从第一个开始依次对应数字 1，2，3，$\cdots$，这里，神经网络的输出 $\hat{y}_i$ 是 Softmax 函数的输出。由于 Softmax 函数的输出可以理解为概率，因此上例表示向量 y_i 索引为 "1" 的概率是 0.1，索引为 "2" 的概率是 0.05，索引为 "3" 的概率是 0.6 等。y_i 是监督数据，将正确解标签设为 1，其他均设为 0。这里，标签 "3" 为 1，表示正确解是 "3"。将正确解标签表示为 1，其他标签表示为 0 的方法称为 one-hot 表示（该方法将在第 7 章中详细介绍）。

现在，我们用 R 代码来实现这个均方误差，实现方式如下所示。

代码 2.17：均方误差。

```
mean_squared_error <- function(obs, pred) {
  return(sum((obs-pred)^2)/2)
}
```

这里，参数 pred 和 obs 分别表示向量 $\hat{y}_i$ 和 y_i 中的元素。现在，我们使用这个函数来具体地计算一下。

设 "3" 为正确解：

```
y <- c(0, 0, 1, 0, 0, 0, 0, 0, 0, 0)
```

例 1：向量 y_i 索引为 "3" 的概率最高（概率为 0.6）。

```
y1 <- c(0.1, 0.05, 0.6, 0.0, 0.05, 0.1, 0.0, 0.1, 0.0, 0.0)
```

```
mean_squared_error(y, y1)
```

```
## [1] 0.0975
```

例 2：向量 y_i 索引为 "8" 的概率最高（概率为 0.6）。

```
y2 <- c(0.1, 0.05, 0.1, 0.0, 0.05, 0.1, 0.0, 0.6, 0.0, 0.0)
```

```
mean_squared_error(y, y2)
```

```
## [1] 0.5975
```

这里举了两个例子。第一个例子中，正确解是 "3"，神经网络输出的最大值是 "3"；第二个例子中，正确解是 "8"，神经网络输出的最大值是 "8"。如实验结果所示，我们发现第一个例子的损失函数的值更小，和监督数据之间的误差较小。也就是说，均方误差显示第一个例子的输出结果与监督数据更加吻合。

2. 交叉熵误差

除了均方误差之外，交叉熵误差（cross entropy error）也是深度学习中比较常用的损失函数。同样，我们将分别介绍其在分类问题和回归问题中的具体计算公式。

对于分类问题，我们从单样本和多样本两方面进行介绍。

（1）单个样本的交叉熵误差，公式为

$$交叉熵误差（单样本）= -\sum_{i=1}^{k} y_i \ln \hat{y}_i$$

式中，$\hat{y}_i$ 表示神经网络的输出；y_i 表示目标输出；k 表示输出的类别数。

（2）多个样本的交叉熵误差，公式为

$$交叉熵误差（多样本）= -\sum_{i=1}^{n}\sum_{j=1}^{k} y_i \ln \hat{y}_i$$

式中，$\hat{y}_i$ 表示神经网络的输出；y_i 表示目标输出；n 表示样本数；k 表示输出的类别数。

对于回归问题，计算公式为

$$交叉熵误差（回归）= -\sum_{i=1}^{n} y_i \ln \hat{y}_i$$

式中，$\hat{y}_i$ 表示神经网络的输出；y_i 表示目标输出；n 表示样本数。

下面，依然基于前面的示例，用代码实现交叉熵误差。

代码 2.18：交叉熵误差。

```
cross_entropy_error <- function(obs, pred) {
  delta <- 10^(-7)
  return(-sum(obs*log(pred+delta)))
}
```

这里，参数 pred 和 obs 分别表示向量 $\hat{y}_i$ 和 y_i 中的元素。函数内部在计算对数时，加上了一个微小值 delta。这是因为，当出现 log(0) 时，log(0) 会变为负无限大的 −inf，这样就会导致后续计算无法进行。作为保护性对策，添加一个微小值可以防止负无限大的发生。下面，我们使用 cross_entropy_error() 进行一些简单的计算。

例 1：正确解标签对应输出为 0.6。

```
y <- c(0, 0, 1, 0, 0, 0, 0, 0, 0, 0)
```

```
y1 <- c(0.1, 0.05, 0.6, 0.0, 0.05, 0.1, 0.0, 0.1, 0.0, 0.0)
```

```
cross_entropy_error(y, y1)
```

```
## [1] 0.5108255
```

例 2：正确解标签对应输出为 0.1。

```
y2 <- c(0.1, 0.05, 0.1, 0.0, 0.05, 0.1, 0.0, 0.6, 0.0, 0.0)
```

```
cross_entropy_error(y, y2)
```

```
## [1] 2.302584
```

第一个例子中，正确解标签对应的输出为 0.6，此时的交叉熵误差大约为 0.51。第二个例子中，正确解标签对应的输出为 0.1，此时的交叉熵误差大约为 2.3。由此可以看出，正确解标签对应的输出较小，则交叉熵误差的值较大。此时读者也许发现了，交叉熵误差的值是由正确解标签所对应的输出结果决定的。

我们主要介绍这两种损失函数，幸运的是，对于一般的问题来讲，如分类、回归或者序列预测，我们可以遵循一些简单的原则来选择正确的损失函数。例如，可以使用二分类对数损失函数（binary）作为二分类问题的损失函数，选择多分类对数损失函数 (categorical cross entropy) 作为多分类问题的损失函数，均方误差作为回归问题的损失函数，CTC(connectionist temporal classification) 作为序列学习问题的损失函数等。只有在处理一些新的问题时，才需要自己开发损失函数。

2.7 激活函数

2.7.1 基本概念

对于一个完整的神经网络来讲，包括输入层、中间层和输出层，中间层有时也称为隐藏层，而激活函数（activation function）的作用就是，将所有的输入信号转换为输出信号，如"激活"一词所示，激活函数决定了如何来激活输入信号的总和。

为什么必须使用激活函数？为什么激活函数大多是非线性函数？原因是如果不使用激活函数或者使用线性激活函数，就只能对输入数据进行线性转化，这样一来，无论神经网络有多少层，输出都是输入的线性组合，与没有中间层的效果相当。因此，为了发挥叠加层所带来的优势，就必须使用非线性激活函数。这样才能在每一层中实现非线性变换，使每一层过滤都能得到与原始输入不同的表示，从而能够解决更复杂的非线性问题，而且随着层数的增加，模型的表现力和处理复杂问题的能力不断得到提升。

2.7.2 常用的激活函数

接下来介绍一些激活函数，其中在当下的深度学习中比较常用的为 Sigmoid 函数、ReLU 函数和 Softmax 函数。

1. 阶跃函数

以阈值为界，一旦输入超过阈值，就切换输出，这样的函数称为阶跃函数，其中感知机使用的激活函数就是阶跃函数。它的表达式如下：

$$h(x) = \begin{cases} 1, & x > 0 \\ 0, & x \leqslant 0 \end{cases}$$

```
step_FUN_der <- function(x){
  ifelse(x>0, 1, 0)
}
x <- seq(-5,5,0.001)
plot(x, step_FUN_der(x),
     type="l",
     xlab="x", ylab ="h(x)",
     main="阶跃函数",
     axes=FALSE)
axis(1)
axis(2)
```

如图 2.7.1 所示，阶跃函数以 0 为界，输出从 0 切换为 1。它的值呈阶梯式变化，所以称为阶跃函数。

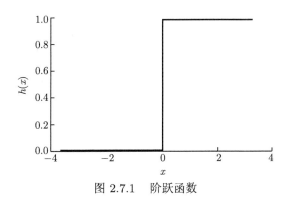

图 2.7.1　阶跃函数

2. Sigmoid 函数

神经网络中经常使用的一个激活函数就是 Sigmoid 函数，可以表示为

$$\sigma(x) = \frac{1}{1 + \mathrm{e}^{-x}}$$

```
sigmoid_FUN <- function(x) {
  1/(1+exp(-x))
}
x <- seq(-5, 5, 0.001)
plot(x, sigmoid_FUN(x),
     type="l",
     xlab="x", ylab="Sigmoid(x)",
     main="Sigmoid",
```

```
        axes=FALSE)
axis(1)
axis(2)
```

　　由图 2.7.2 可以看到，Sigmoid 函数的输出在（0,1）这个开区间内。当输入离坐标原点较近时，函数的梯度比较大；随着输入远离坐标原点，函数的梯度就变得很小了，几乎为零。Sigmoid 函数的输出范围为（0,1），单调连续，输出范围有限，优化稳定，从数学上来看，非线性的 Sigmoid 函数对中央区的信号增益较大，对两侧区的信号增益小，在信号的特征空间映射上有很好的效果，因此是使用范围最广的一类激活函数。但是，在深度神经网络的训练中，却容易产生梯度消失的问题。这是因为在神经网络反向传播的过程中，经过 Sigmoid 函数向下传导的梯度包含 $f'(x)$ 因子（Sigmoid 函数关于输入的导数），因此一旦该输入值离原点较远，$f'(x)$ 就会趋近于 0，就会导致向底层传递的梯度变得非常小。此时，网络参数很难得到有效训练，这种现象称为梯度消失。一般来说，Sigmoid 网络在 5 层之内就会产生梯度消失现象。

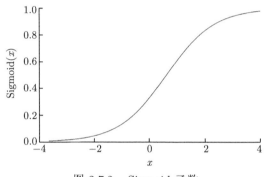

图 2.7.2　Sigmoid 函数

　　现在我们来比较一下 Sigmoid 函数和阶跃函数，首先我们会注意到的是平滑性不同。Sigmoid 函数是一条平滑的曲线，输出随着输入发生连续性的变化。而阶跃函数以 0 为界，输出发生急剧性的变化。其次相对于阶跃函数只能返回 0 或 1，Sigmoid 函数可以返回 0~1 的一系列实数（这一点和刚才的平滑性有关）。但从宏观视角上来讲，可以发现它们具有相似的形状，即输入小时，输出接近 0；随着输入增大，输出向 1 靠近。也就是说，当输入信号为重要信息时，阶跃函数和 Sigmoid 函数都会输出较大的值；当输入信号为不重要的信息时，两者都输出较小的值。在深度学习中，两者之中我们选择 Sigmoid 函数。

　　3. tanh 函数

　　tanh 函数也是一种非常常见的激活函数，它的表达式如下：

$$\tanh(x) = \frac{1 - e^{-2x}}{1 + e^{-2x}}$$

```
tanh_FUN <- function(x) {
  (1-exp(-2*x))/(1+exp(-2*x))
}
x <- seq(-5, 5, .001)
plot(x, tanh_FUN(x),
     type="l",
     xlab="x", ylab="tanh(x)",
     main="tanh",
     axes=FALSE)
axis(1)
axis(2)
```

由图 2.7.3 可以看到，与 Sigmoid 函数相比，它的输出均值是 0，使其收敛速度要比 Sigmoid 函数快，减少了迭代次数。然而，它与 Sigmoid 函数一样，容易产生梯度消失现象。

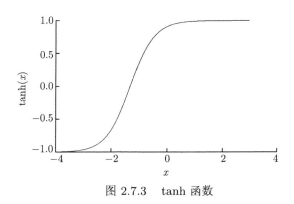

图 2.7.3 tanh 函数

4. ReLU 函数

前面介绍的 Sigmoid 函数和 tanh 函数均存在梯度消失的问题，而 ReLU 函数就不存在这样的问题，它的表达式如下：

$$y = \begin{cases} x, & x > 0 \\ 0, & x \leqslant 0 \end{cases}$$

```
ReLU_FUN <- function(x){
  ifelse(x>0, x, 0)
}
x <- seq(-2,2,.001)
plot(x, ReLU_FUN(x),
```

```
      type="l",
      xlab="x", ylab="ReLU(x)",
      main="ReLU",
      axes=FALSE)
axis(1)
axis(2)
```

由表达式可知，ReLU 函数在输入值大于 0 时，直接输出该值；在输入值小于等于 0 时，输出 0，是一个分段函数，如图 2.7.4 所示。我们对 ReLU 函数进行求导，得到 y 关于 x 的导数如下：

$$y'_x = \begin{cases} 1, & x > 0 \\ 0, & x \leqslant 0 \end{cases}$$

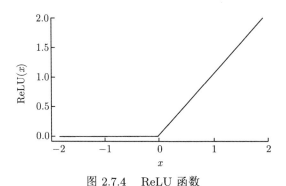

图 2.7.4　ReLU 函数

```
ReLU_FUN_der <- function(x){
  ifelse(x>0, 1, 0)
}
x <- seq(-2,2,.001)
plot(x, ReLU_FUN_der(x),
      type="l",
      xlab="x", ylab="ReLU'(x)",
      main="ReLU'",
      axes=FALSE)
axis(1)
axis(2)
```

根据求导结果（图 2.7.5）可得，如果正向传播时的输入 x 大于 0，则反向传播会将上游的值原封不动地传给下游。反过来，如果正向传播时的输入 x 小于等于 0，则反向传播中传给下游的信号将停在此处。

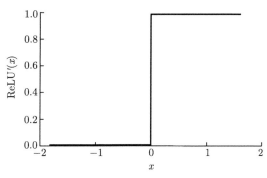

图 2.7.5　对 ReLU 函数求导

ReLU 函数是目前比较火的一个激活函数，这是因为在训练一个深度分类模型时，和目标相关的特征往往也就那么几个，因此通过 ReLU 函数实现稀疏后的模型能够更好地挖掘相关特征，拟合训练数据。

当然，ReLU 函数也有缺点，它虽然在输入为正数的时候，不存在梯度消失问题；但是当输入为负数的时候，ReLU 是完全不被激活的，因此在反向传播过程中，一旦输入为负数，梯度就会完全到 0，出现了和 Sigmoid 函数一样的问题。

5. Softmax 函数

前面介绍的 Sigmoid 函数，实际上就是把数据映射到一个（0,1）的空间上，也就是说，Sigmoid 函数如果用来分类，只能进行二分类，而接下来我们要介绍的 Softmax 函数，可以看作 Sigmoid 函数的一般化，可以用于多分类。它的表达式如下：

$$\sigma(x)_j = \frac{\mathrm{e}^{x_j}}{\sum\limits_{k=1}^{K} \mathrm{e}^{x_k}}$$

式中，$j = 1, 2, \cdots, K$。

```r
softmax_FUM <- function(x){
  exp(x)/sum(exp(x))
}
x <- seq(-2,2,.1)
plot(x, softmax_FUM(x),
    type="l",
    xlab="x", ylab="σ(x)",
    main="Softmax",
    axes=FALSE)
axis(1)
axis(2)
```

Softmax 函数如图 2.7.6 所示，它经常用在神经网络的最后一层，作为输出层，用于多分类问题。需要注意的是，Softmax 函数用于多分类问题时，要求类与类之间是互斥的，即一个输入只能被归为一类。

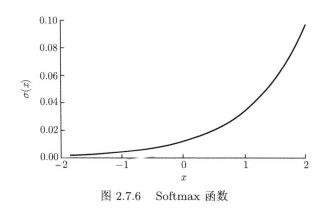

图 2.7.6　Softmax 函数

在进行深度学习时，对于激活函数的选择，仍需根据具体实验而定。一般来说，在分类问题上建议首先尝试 ReLU 函数。

2.8　mini-batch

机器学习使用训练数据进行学习，严格来说，就是针对训练数据计算损失函数的值，找出使该值尽可能小的参数。因此，计算损失函数时必须将所有的训练数据作为对象。但是如果遇到数据量有几百万、几千万之多的情况，以全部数据为对象计算损失函数是不现实的。因此，我们从全部数据中选出一部分，作为全部数据的"近似"。神经网络的学习也是从训练数据中选出一批数据，称为 mini-batch（小批量），然后对这一批进行学习。例如，从 60 000 个训练数据中随机选择 128 笔，再用这 128 笔数据进行学习，这种学习方式称为 mini-batch 学习 [使用整个训练集的优化算法被称为批量（batch）或确定性（deterministic）梯度算法]。我们普遍使用术语"批量大小"（batch size）表示小批量的大小。

大多数用于深度学习的算法都是使用一个以上但又不是全部的训练样本。这是因为准确计算这个期望的代价非常大，因为我们需要在整个数据集的每个样本上评估模型。而使用更多样本来估计梯度的方法的回报是低于线性的。例如，基于一个 100 个样本的训练和基于一个 10 000 个样本的训练，后者需要的计算量是前者的 100 倍，但却只降低了 10 倍的均值标准差（这是因为 n 个样本均值的标准差是 $\frac{\sigma}{\sqrt{n}}$，其中 σ 是样本值真实的标准差。分母 $\sqrt{n}$ 表明使用更多样本来估计梯度的方法的回报是低于线性的）。如果能够快速地计算出梯度估计值，那么大多数优化算法会收敛得更快（就总的计算量而言，而不是指更新次数）。另一个促使我们从小数目样本中获得梯度的统计估计的动机是训练集的冗余。此外，基于采样的梯度估计可以使用单个样本计算出正确的梯度，这样的做法所耗费的时间仅为原来做法的 $1/m$，因为实践中可能会发现大量样本都对梯度做出了非常相似的贡献。

小批量的大小通常由以下几个因素决定。

（1）更大的批量会计算出更精确的梯度估计，但是回报却是小于线性的。

（2）极小批量通常难以充分利用多核架构，这促使我们使用一些绝对最小批量，低于这个值的小批量处理不会缩短计算时间。

（3）如果批量处理中的所有样本可以并行地处理（通常确实如此），那么内存消耗和批量大小会成正比。对于很多硬件设施，这是批量大小的限制因素。

（4）在某些硬件上使用特定大小的数组时，运行时间会更短。尤其是在使用 GPU 时，通常使用 2 的幂数作为批量大小可以获得更短的运行时间。

（5）可能是由于小批量在学习过程中加入了噪声，它们会有一些正则化效果。泛化误差通常在批量大小为 1 时最好。因为梯度估计的高方差，小批量训练需要较小的学习率以保持稳定性。因为降低的学习率和消耗更多步骤来遍历整个训练集都会产生更多的步骤，所以会导致总的运行时间非常长。

因此，批量的大小需要合理设置，在实际应用中我们常用的 mini-batch 的大小为几十或者几百。当然，也有例外[①]，本书在此不做详细介绍。

综上所述，在设定批量大小时有以下三点建议。

（1）当有足够算力时，设定批量大小为 32 或更小一些。

（2）算力不够时，在效率和泛化性之间做权衡，尽量选择更小的批量。

（3）当模型训练接近尾声时，若想更细化地提高准确率，可以将批量大小设置为 1，来降低模型的损失值。

此外，对于小批量而言，随机抽取这一点也很重要。从一组样本中计算出梯度期望的无偏估计要求这些样本是独立的。我们也希望两个连续的梯度估计是互相独立的，因此两个连续的小批量样本也应该是彼此独立的。所以，如果数据集的数据是按照一定顺序排列的，很有必要在抽取小批量样本前打乱样本顺序。对于非常大的数据集，每次构建小批量样本时，将样本完全均匀地抽取出来是不太现实的。在这种情况下，通常我们将样本的顺序打乱一次，然后按照这个顺序存储起来，以后直接拿来用就可以了。之后训练模型时会用到的一组小批量连续样本是固定的，每个独立的模型每次遍历训练数据时都会重复使用这个顺序。然而，这种偏离真实随机采样的方法并没有很严重的有害影响，也不会极大程度地降低算法的性能。

那么如何从 n 个训练数据中随机抽取 m 笔数据呢？我们可以使用 R 语言的 sample() 函数来实现，如代码 2.19 所示。

代码 2.19：mini-batch。

---

① 对于随机梯度下降及其改良的一阶优化算法（即没有利用二阶导数信息，仅仅使用一阶导数去优化），如 AdaGrad、Adam 等，批量大小为几十或者几百是没问题的，但是对于强大的二阶优化算法如共轭梯度法来说，减小批量换来的收敛速度提升远不如引入大量噪声导致的性能下降，因此在使用二阶优化算法时，往往要采用大的批量。此时批量大小往往设置成几千甚至一两万才能发挥最佳效果。

```
batch_size <- m
batch_mask <- sample(1:length(x_train), batch_size)
x_batch <- x_train[batch_mask]
t_batch <- t_train[batch_mask]
```

就如同统计学中的抽样，从想研究的总体中抽取一部分作为样本，且要求所抽取样本单位对总体具有充分的代表性，目的是想用被抽取的样本的分析、研究结果来估计和推断总体的特性。当我们想计算电视收视率时，并不会统计所有家庭的电视机，而是仅以那些被选中的家庭为统计对象。例如，通过在某一地区随机选择 1000 个家庭计算收视率，可以近似地求得该地区整体的收视率。这 1000 个家庭的收视率，虽然严格上不等于整体的收视率，但可以作为整体的一个近似值，同样，mini-batch 就是利用一部分样本数据的损失值（通过损失函数计算得到）来近似地计算整体的损失值。也就是说，用随机选择的小批量数据作为全体训练数据的近似值。当然，这个估算存在统计波动，但是我们关注的是在某个方向上移动来减少误差，这意味着我们不需要梯度的精确计算。

2.9　神经网络拟合任意函数 *

2.9.1　基本概念

从本质上来讲，无论统计模型，还是神经网络，都是在猜测所研究问题数量变动间符合的函数关系。此时一个自然的问题就是，神经网络能够拟合哪些函数关系。研究人员 Hornik 等（1989）和 Cybenko（1989）表明，一个中间层足以模拟任何分段连续函数，具体定理如下：设 f 是 n 维空间有界子集上的连续函数，则存在一个含有有限数量中间层神经元单位的双层神经网络 $g(x)$，它可以任意逼近函数 $f(x)$。任何 $\varepsilon > 0$，对于 f 域中的所有 x，都有 $|f(x) - g(x)| < \varepsilon$。

注：对于该定理有两点解释。

（1）神经网络可以近似一个函数，而不是精确计算一个函数；通过不断地增加中间层的数量，我们可以不断提升近似的精度。

（2）这些函数都是连续函数。如果函数不是连续的，也就是会有突然极陡的跳跃，那么一般来说无法使用 1 个神经网络进行近似。

上边这个结果表明神经网络具有一种普遍性。不论我们想要计算什么样的函数，都确信存在 1 个神经网络可以计算它。而且，这个普遍性定理甚至在我们限制了神经网络只在输入层和输出层之间存在 1 个中间层的情况下成立，所以即使是很简单的网络架构都极其强大。也就是说，包含有限个神经元的单个中间层构成的前馈式神经网络可

---

* 表示本节为选学章节。

以逼近定义在 $\mathbb{R}^m$ 空间上的任意函数。用数学的表达方式来讲就是：假设 ψ 是一个有界、单调递增且连续的非常数函数，I_m 是 m 维的立方体 $[0,1]^m$，$C(I_m)$ 代表 I_m 上的连续函数空间。对于任何 $\varepsilon > 0$，都存在一个 N，使得对于任何 $f \in C(I_m)$，都存在实数 $v_i, b_i \in \mathbb{R}$ 以及实数向量 $w_i \in \mathbb{R}^m, i = 1, 2, \cdots, N$，使得

$$g(x) = \sum_{i=1}^{N} v_i \psi(w_i^{\mathrm{T}} x + b_i)$$

可以任意逼近 f。即对于任何 $x \in I_m$，$|g(x) - f(x)| < \varepsilon$。

2.9.2 可视化解释

实际上，对于任何连续函数，都有可能通过构建一个只包含一个中间层的神经网络获得函数的计算结果。这至少在理论上表明，对于很多问题，一个中间层就应该足够了。当然，实际情况略有不同。这是因为现实世界的决策方程可能不是连续的，因此对于一些现实问题，可能还是需要多个中间层来进行准确的分类和预测。不过，这个定理还是有一定实用价值的。对于该定理，本书不做理论推导，但为了帮助读者从概念上理解神经网络是如何拟合一个函数的，我们将给出一组可视化解释。

根据定理，无论什么形式的函数，总会确保有 1 个神经网络能够对任何可能的输入值 x，输出相应的足够准确近似的 $f(x)$。首先我们来考虑最基础的单输入单输出的函数情况，网络结构如图 2.9.1 所示。

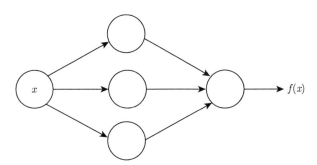

图 2.9.1　单输入单输出的网络结构

此外，即使函数有很多输入和输出值，如对于 $f = f(x_1, x_2, \cdots, x_n)$ 这类函数，上述结果仍然成立。例如，下面的网络可以用于计算 1 个具有 4 个输入和 2 个输出的函数，如图 2.9.2 所示。

对于一个神经网络，不断地增加中间层的数目，得到的运算结果就会更加近似于我们期望的结果。

为了理解该定理为何普遍性成立，我们先从理解如何构造 1 个这样的神经网络开始，为了容易理解，我们从单输入单输出的函数着手，构建一个具有 1 个输入和 1 个输出的网络来近似拟合，这其实也是普遍性问题的核心，一旦我们理解了这个特例，就会很容易扩展到那些有多个输入和输出的函数上。

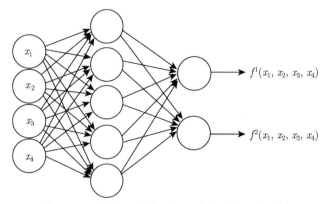

图 2.9.2　具有 4 个输入和 2 个输出的网络结构

下面是我们构建的网络，该网络包括 1 个输入层、1 个中间层和 1 个输出层，其中中间层包含两个神经元。我们设定该网络使用的激活函数为 Sigmoid，设定其中一个神经元的权重 $w = 6$ 和偏置 $b = -4$，如图 2.9.3 所示，那么该神经元最终的输出结果为 $\sigma(wx + b)$，其中 $\sigma(z) \equiv \dfrac{1}{1 + \mathrm{e}^{-z}}$，输出结果如图 2.9.4 所示。

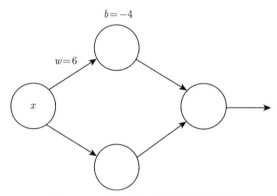

图 2.9.3　顶部神经元的赋值示意图

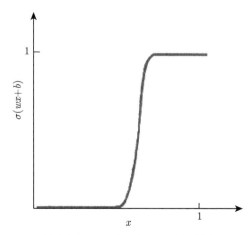

图 2.9.4　顶部神经元的输出结果

图 2.9.5 显示了不断修改参数 w 和 b 的取值，该单个中间层神经元的输出变化，可以看出：函数中偏置 b 决定了图形的位置，对形状没有影响，当 b 增大时，图形向左移动，b 减小时图形向右移动；函数中的 w 决定了图形的形状，对图形的位置没有影响，当 w 减小时，曲线变缓，当 w 增大时，曲线变陡。

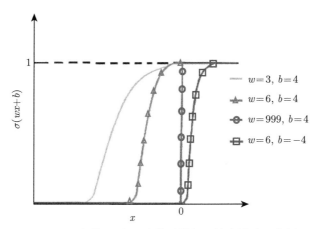

图 2.9.5 参数 w 和 b 取值对神经元输出影响示意图

我们继续增大 w 的值，使其输出接近阶跃函数，例如，当 $w = 1000$，$b = -400$ 时，如图 2.9.6 所示，经过 Sigmoid 函数输出的图像几乎为直角，如图 2.9.7 所示。

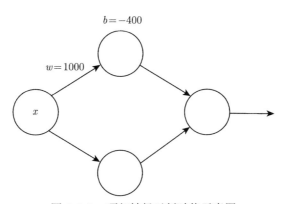

图 2.9.6 顶部神经元新赋值示意图

由此可见，一个神经元可以拼凑出一个可控的阶梯函数，因此两个神经元就可以叠加出分段常数函数。注意：还需要考虑一个问题，我们知道标准的激活函数 $\sigma(z)$ 的中点在 $z = 0$ 处，当它近似为一个阶跃函数的时候，阶跃点在 $wx + b = 0$ 处，即阶跃点 $x = -\dfrac{b}{w}$，一般用 s 来表示阶跃点。因此对于已经近似被认为是阶跃函数的神经元，我们可以只用一个参数 $s = -\dfrac{b}{w}$ 来代替之前的两个参数 w 和 b。接着我们来考虑整个网络，设定顶部的神经元的阶跃点 $s_1 = 0.40$，输出权重为 $w_1 = 0.70$；底部神经元的阶跃点 $s_2 = 0.60$，输出权重为 $w_2 = 1.40$，如图 2.9.8 所示。

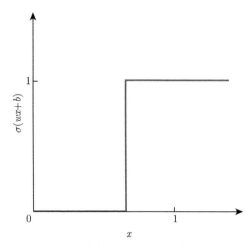

图 2.9.7   顶部神经元新赋值后的输出结果

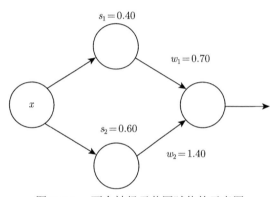

图 2.9.8   两个神经元共同赋值的示意图

图 2.9.9 是中间层的加权输出 $a = w_1 a_1 + w_2 a_2$，其中 a_1 和 a_2 分别是顶部和底部神经元的输出，这些输出通常称为神经元的激活值。

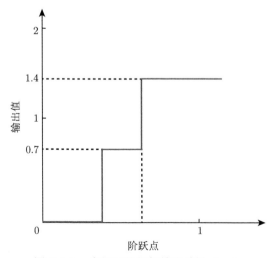

图 2.9.9   中间层的加权输出结果（一）

通过不断改变阶跃点的参数值，我们可以得出以下结论。

（1）调节 s_1 和 s_2 的大小，可以改变两个神经元的激活顺序。若 $s_1 < s_2$，那么顶部中间层神经元先被激活；相反，如果 $s_1 > s_2$，那么底部中间层神经元先被激活。

（2）调节 w_1 和 w_2，分别控制两个神经元输出的权重，当其中一个为 0 时，只剩下一个输入，输出结果也显示为只有一个阶跃函数。

下面我们来考虑一种特定的情况，即 $w_1 = -w_2$ 时网络输出结果的形状。我们设置 $s_1 = 0.40$，$s_2 = 0.60$，$w_1 = 0.80$，$w_2 = -0.80$，如图 2.9.10 所示，加权后的输出结果是一个"凸起"的函数，如图 2.9.11 所示，该函数从点 s_1 开始，到点 s_2 结束，高度为 0.8。

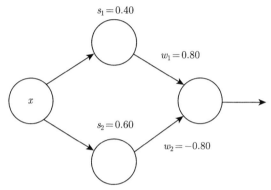

图 2.9.10　一种特定形式的赋值示意图

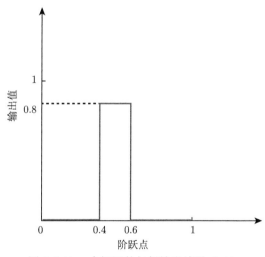

图 2.9.11　中间层的加权输出结果（二）

由此可见，如果我们固定 s_1 和 s_2，并且 $w_1 = -w_2$，就可以构造图 2.9.11 这样的门函数，我们可以将这样的门函数看作只有一个参数 h 的模型，其中 $h = w_1$，h 的大小对应的就是门函数的"门梁"的位置。因此我们可以使用同样的方法构造任意数量、任意高度的函数。因为对于 $[0,1]$ 这个区间的划分可以有无限多个，只要使用 n 对中间层神经元并分别配上对应的高度，就可以构造具有 n 个特定高度凸起的函数了。因此，只要选取一组合适的参数值，就可以得到目标函数的拟合结果。

下面我们随机拟定一个函数，来看看上述结论是否可以实现以及神经网络是否可以拟合任意函数这一观点。我们要拟合的函数如下，函数图像如图 2.9.12 所示。

$$f(x) = -0.3 + 0.4\mathrm{e}^x + 0.3x\sin(10x) + 0.05\cos(30x)$$

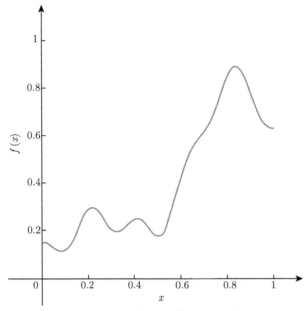

图 2.9.12　所拟合函数对应的图像

前面提到 $a = w_1 a_1 + w_2 a_2$ 并不是神经网络最终的输出，而是中间层的加权输出。神经网络的最终输出为 $\sigma(\sum w_j a_j + b)$，那么为了让最终输出为我们想要的函数 $f(x)$，就要求激活函数 $\sigma(z)$ 的输入为 $\sigma^{-1}(f(x))$，也就是要求中间层输出的加权和为 $\sigma^{-1}(f(x))$，其中 $\sigma^{-1}(z)$ 为 $\sigma(z)$ 的反函数，$\sigma^{-1}(f(x))$ 的图像如图 2.9.13 所示，一旦中间层的输出结果为 $\sigma^{-1}(f(x))$，那么神经网络的最终输出就为 $f(x)$。

接下来我们调整门函数的数量和高度，设置如图 2.9.14 所示的网络结构，相应中间层的输出结果如图 2.9.15 所示。

这虽然只是一个粗略的近似，但是只要我们增加门函数的个数，即增加中间层神经元的个数，就可以使结果越来越精确。将这个得到的模型转换到我们的神经网络参数上，中间层的 w 取很大的数 $w = 1000$，$b = -200$，得到 $s = -\dfrac{b}{w} = 0.2$。输出层的权重由 h 决定，如在区间 $(0.0, 0.2)$ 上 $h = -1.9$，在区间 $(0.8, 1.0)$ 上 $h = 1.6$，说明它代表的两个权重分别为 -1.9 和 1.6，以此类推，输出层的偏置这里设置为 0。

这样就达到了通过构造一个神经网络来逼近目标函数的目的了。事实上，目标函数的形式无关紧要，这实质上相当于对一个单层神经网络构建了一个查找表，不同区间对应不同的值，区间分得越细小，就越精准。因此，我们可以通过增加中间层神经元的数目来提高近似的质量，可以用这个程序计算任何定义域为 [0,1]、值域为 [0,1] 的连续函数。建立这个思想，就为该定理的普遍性提供了一般性证明。

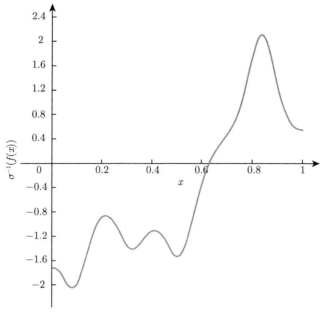

图 2.9.13   中间层需要实现的目标输出

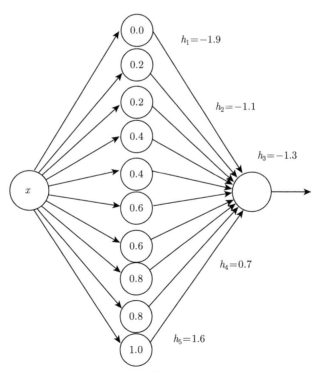

图 2.9.14   门函数的数量和高度示意

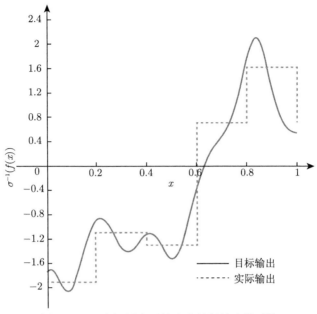

图 2.9.15　中间层实际输出和目标输出的对比

第3章

基础神经网络

本章将巩固前两章学过的知识，并且将会应用这些知识解决三个新问题，这些问题覆盖了神经网络最常用的场景，将详细介绍三个解决实际问题的例子。通过本章学习，读者将有能力针对一个向量数据，使用一个神经网络解决一个简单的机器学习问题，如分类或回归。

本章包括以下内容。

（1）神经网络剖析。

（2）使用 Keras 开发一个模型：概览。

（3）电影评论分类：一个二分类案例。

（4）手写数字识别（多分类问题）。

（5）预测房价：回归问题。

3.1 神经网络剖析

正如在前面章节了解到的，一个神经网络包括以下几个部分。

（1）层：构成神经网络的基本元素。

（2）输入数据和对应标签。

（3）损失函数：定义了作用于学习的反馈函数。

（4）优化函数：定义了学习的过程。

神经网络拟合流程如图 3.1.1 所示。

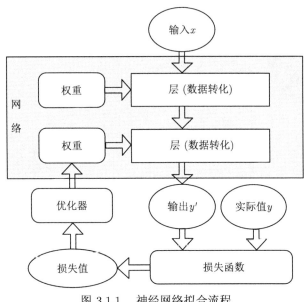

图 3.1.1   神经网络拟合流程

3.1.1 层

层是神经网络中最基础的数据结构，一个层就是一个数据处理模块，这个模块可以对输入的一个或多个张量进行处理并输出。我们可以将层视为数据过滤器，数据通过过滤器后以更有用的形式出现，这种被提取出的表示形式对于解决手头的问题极具现实意义。大多数深度学习过程都包括将简单的层连接在一起，实现渐进式的数据处理。

针对不同的数据结构和不同的数据分析目标，应恰当选用不同类型的层。例如，简单的向量数据，存储在二维张量中，通常使用密集连接层（densely connected layers），也称作全连接层或者密集层（fully connected or dense layers）处理，在 Keras 中使用 layer_dense 函数可以构建密集连接层。

序列数据，存储在三维张量中。通常使用循环层（recurrent layer）处理，在 Keras 中可以使用 layer_lstm 搭建长短期记忆（long short-term memory，LSTM）层。图像数据存储于四维张量中，通常使用二维卷积层（layer_conv_2d）进行处理。

在构建深度学习模型时需要考虑层之间的兼容性，只有兼容的层之间才能形成有效的数据转换通道（pipelines）。本处所提的层间兼容性主要指每一个层是否能够接收到输入数据所需的结构形式，并且以特定的形式输出数据。但在使用 Keras 时，不用太在意层之间的兼容性，因为添加到模型中的层会根据输入数据的形式进行动态匹配，假设用户写了如下代码：

```
library(keras)
model <- keras_model_sequential() %>%
  layer_dense(units=32, input_shape=c(784)) %>%
  layer_dense(units=32)
```

其中，"%>%" 是管道操作符，我们将在整本书中使用该表示方式。如果您使用的是 RStudio，则可以使用 Ctrl+Shift+M 快捷键插入管道操作符。该符号的使用使所写的代码具有更强的可读性和紧凑性。如果用户对神经网络上的管道操作符（%>%）还不熟悉，也不用担心，我们将在本章末尾再次回顾一下这个例子[①]。

如代码所示，第二层没有设置输入形状的参数，因为它自动认为它的输入形状是前一层的输出形式。

3.1.2　层间的网络结构

神经网络设计中的一个关键点是确定它的架构，即网络的整体结构。也就是确定网络应该具有多少层，以及这些层应该如何连接。深度学习的模型中，最常见的是线性堆栈结构，其中每一层都是前一层的函数。该结构中，主要考虑的是选择网络的深度和每一层的宽度。对于一个具体的任务，理想的网络架构必须通过观测在验证集上的误差来找到。不断地学习和实践下去，将会看到更加多样的网络拓扑结构，这些网络通常具有以下结构：双分支网络（two-branch network）、多输入网络（multi-head network）、Inception 模块。

网络的拓扑结构构建了一个假设的空间（hypothesis space）。通过选择网络的拓扑结构，可以将假设空间约束成张量运作的一种特定空间类型，来确定输入数据和输出数据之间的映射关系。

选择合适的网络结构更像一门艺术，尽管一些成功的例子和准则可以帮助用户，但只有实践才能够让用户成为一个称职的神经网络艺术家。接下来的章节将介绍一些关键观念，也会帮助用户建立直觉，让用户明白对于特定问题哪些架构有用、哪些架构无用。

3.1.3　损失函数和优化函数

一旦神经网络的结构被确定下来，还需要进一步确认以下两件事情，这是配置网络学习过程中的关键。

（1）损失函数（也称目标函数）：通过训练，使这个函数值达到最小。这个函数衡量任务处理的成功程度。

（2）优化函数：确定神经网络如何基于损失函数的反馈结果进行更新。它实现了随机梯度下降的一个特定转化。

一个有多个输出结果的神经网络，需要使用多个损失函数（每个损失函数对应着一个输出）。但是随机梯度下降过程必须依赖于单一的尺度变量或者损失函数值，所以对于有多个损失值的神经网络来说，所有的损失值必须（通过平均）合并成一个单一的尺度变量。在第 2 章的学习中，我们学会了遵循一些简单的原则来选择正确的损失函数。但在处理一些全新的问题时，还需要自己开发目标函数。在接下来的学习中，我们将陆续介绍一些可以广泛应用在任务中的损失函数。

[①] 使用%>% 会产生有关管道操作的更多信息，请参阅 https://r4ds.had.co.nz/pipes.html。

3.2 使用 Keras 开发一个模型：概览

在本书中，利用 Keras（keras.rstudio.com）进行代码示例的演示。Keras 是一个深度学习的框架，这个框架提供了一种方便的方式来定义和训练几乎任何种类的深度学习模式。Keras 最初是为研究人员开发的，目的是使快速实验成为可能。

下面是使用 Keras 开发一个模型的示例。

代码 3.1：加载 Keras 函数包。

```
knitr::opts_chunk$set(echo=TRUE)
if(require("keras")==F) {
  install.packages("devtools")
  install.packages("processx")
  devtools::install_github("rstudio/keras")
  devtools::install_github("rstudio/tensorflow")

  library(keras)
}
require("keras")
```

代码 3.2：产生训练集。

```
set.seed(2019)
attribute <- as.data.frame(sample(seq(-2,2,length=5000), 5000, replace=
    FALSE),ncol=1)

response<-attribute^2

data <- cbind(attribute,response)
colnames(data) <- c("attribute","response")

plot(data$attribute, data$response)
```

让我们一行一行地看看代码。首先 set.seed 方法用来确保重现性。第二行生成 5000 个范围在 $-2 \sim 2$ 的不放回观测值。结果存储在 R 对象 attribute（属性）中。第三行计算 $y = x^2$，结果存储在 R 对象 response（响应）中。

这些数字如预期的那样，response 等于 attribute 的平方，模拟数据的可视化图形如输出图形所示。

接下来需要加载所需的包。在这个例子中, 继续使用 Keras 包。基于 Keras 包构建一个有三个中间层, 每个中间层分别包含 (10, 20, 20) 个神经元的深度神经网络, 最后一层是输出层。

代码 3.3: 设置模型结构。

```
library(keras)

model <- keras_model_sequential() %>%  #设置网络类型为堆栈式神经网络
  #添加一个包含 10 个神经元的密集层, 激活函数为 "relu"
  layer_dense(units=10,
              activation="relu",
              input_shape=c(1)) %>%
  #添加一个包含 20 个神经元的密集层, 激活函数为 "relu"
  layer_dense(units=20,
              activation="relu") %>%
  #添加一个包含 10 个神经元的密集层, 激活函数为 "tanh"
  layer_dense(units=10,
              activation="tanh") %>%
  #添加一个包含 1 个神经元的密集层, 激活函数为 "relu", 该层输出预测结果
  layer_dense(units=1,
              activation="relu")

model %>% compile(
  optimizer="rmsprop", ##设置优化函数
  loss="mse", ##设置损失函数
  metrics= c("mae")) ##监测函数

##在训练集上训练模型 30 个周期, 每个批量使用 64 个样本, 验证集比例为 20%
model %>% fit(data$attribute,
              data$response ,
              batch_size=64,
              epochs=30,
              validation_split=0.2)
```

在 Keras 中使用 "%>%" 进行编译不是为了紧凑性, 更多是关于提供重要特征的语法提醒。此外, 与在 R 语言中使用的大多数对象不同, Keras 模型是就地修改的。这是因为 Keras 模型是层的非循环图, 其状态在训练期间更新。我们将网络放置在 "%>%" 的左侧而不将结果保存到会向读取器发出信号的新变量中, 表明我们正在进行就地修改。

代码 3.4：绘制第三层的参数热点图（参数可视化）。

```
library(reshape2)
library(ggplot2)
w1=get_weights(model)[[3]]
tmp <- as.data.frame(t(w1))
tmp$Row <- 1:nrow(tmp)
tmp <- melt(tmp, id.vars=c("Row"))

p.heat <- ggplot(tmp, aes(variable, Row, fill=value)) +geom_tile() +
  scale_fill_gradientn(colours=c("#9796f0", "#ffffff", "#fbc7d4")) +
  theme_classic() +theme(axis.text=element_blank()) +xlab("Hidden
  Neuron")+ylab("Input Variable")+ggtitle("Heatmap of Weights for
  Layer 3")

print(p.heat)
```

代码 3.5：查看模型拟合效果。

```
attribute <- as.data.frame(seq(-1,1,length=50),ncol=1)
response<-attribute^2
test <- cbind(attribute,response)
colnames(test) <- c("attribute","response")

predictions <- model %>%
  predict(test$attribute)



tmp <- cbind(attribute=test$attribute, response=test$attribute^2, pred=
  predictions)
colnames(tmp) <- c("attribute", "response", "predictions")
tmp

##         attribute    response predictions
## [1,] -1.00000000 1.0000000000           0
## [2,] -0.95918367 0.9200333195           0
## [3,] -0.91836735 0.8433985839           0
## [4,] -0.87755102 0.7700957934           0
## [5,] -0.83673469 0.7001249479           0
```

```
##  [6,] -0.79591837 0.6334860475        0
##  [7,] -0.75510204 0.5701790920        0
##  [8,] -0.71428571 0.5102040816        0
##  [9,] -0.67346939 0.4535610162        0
## [10,] -0.63265306 0.4002498959        0
## [11,] -0.59183673 0.3502707205        0
## [12,] -0.55102041 0.3036234902        0
## [13,] -0.51020408 0.2603082049        0
## [14,] -0.46938776 0.2203248646        0
## [15,] -0.42857143 0.1836734694        0
## [16,] -0.38775510 0.1503540192        0
## [17,] -0.34693878 0.1203665140        0
## [18,] -0.30612245 0.0937109538        0
## [19,] -0.26530612 0.0703873386        0
## [20,] -0.22448980 0.0503956685        0
## [21,] -0.18367347 0.0337359434        0
## [22,] -0.14285714 0.0204081633        0
## [23,] -0.10204082 0.0104123282        0
## [24,] -0.06122449 0.0037484382        0
## [25,] -0.02040816 0.0004164931        0
## [26,]  0.02040816 0.0004164931        0
## [27,]  0.06122449 0.0037484382        0
## [28,]  0.10204082 0.0104123282        0
## [29,]  0.14285714 0.0204081633        0
## [30,]  0.18367347 0.0337359434        0
## [31,]  0.22448980 0.0503956685        0
## [32,]  0.26530612 0.0703873386        0
## [33,]  0.30612245 0.0937109538        0
## [34,]  0.34693878 0.1203665140        0
## [35,]  0.38775510 0.1503540192        0
## [36,]  0.42857143 0.1836734694        0
## [37,]  0.46938776 0.2203248646        0
## [38,]  0.51020408 0.2603082049        0
## [39,]  0.55102041 0.3036234902        0
## [40,]  0.59183673 0.3502707205        0
## [41,]  0.63265306 0.4002498959        0
## [42,]  0.67346939 0.4535610162        0
## [43,]  0.71428571 0.5102040816        0
```

```
## [44,]    0.75510204  0.5701790920                    0
## [45,]    0.79591837  0.6334860475                    0
## [46,]    0.83673469  0.7001249479                    0
## [47,]    0.87755102  0.7700957934                    0
## [48,]    0.91836735  0.8433985839                    0
## [49,]    0.95918367  0.9200333195                    0
## [50,]    1.00000000  1.0000000000                    0
```

本段代码再次生成了一组测试数据（测试集），分别在 −1~1 范围内产生了 50 个数据和相应的反馈值，利用模型得到预测结果。为了更好地观察预测效果，在最后集中展示，第一列为输入数据，第二列为真实值，第三列为预测值。报告的数字表明，深度神经网络提供了一个虽然不是很准确但是还不错的实际函数逼近。

留一个问题，学完本章后，请读者判断该深度神经网络模型的拟合效果如何？还有什么改善建议？本例的输入数据成本几乎为 0，所以首先可以试试输入更多的样本数据，其次可以减小模型规模、改变迭代次数等。

3.3   电影评论分类：二分类问题

两分类模型或者说二分类模型是机器学习中应用最广泛的模型。在本节的例子中，读者将学会基于电影评论内容，将其划分为正面的或负面的。

3.3.1   IMDB 数据集

接下来将基于互联网电影资料库（internet movie database，IMDB）数据集展开工作，它包含了网络电影数据库中 50 000 条高度极化的评论（highly polarized reviews）。这些数据 25 000 条作为训练集，25 000 条作为测试集，分别包含了 50% 的正面评论和 50% 的负面评论。

为什么要分开设置训练集和测试集呢？因为一个模型在训练集上的表现好，并不一定意味着它能够在它没见过的数据集上也有好的表现。而用户关注的是模型在新数据集上的表现（因为用户已经知道了测试集上的标签，很明显没有必要使用用户的模型再去对它们做预测了）。例如，用户的模型有可能仅仅记忆了训练样本和它们标签间的对应关系，而这样的模型和关系，是没有办法用于它没有见过的数据集分类和预测的，第 4 章我们将会对这个问题做更加详细的解释。

和 MNIST 数据集一样，IMDB 数据集已经封装在 Keras 里了，这些数据已经被预处理过，评论文字序列已经被转化为整数序列，每一个整数代表词典中的一个特定的词。

下面的代码将会加载 IMDB 数据集（在第 1 次运行这个程序的时候，大约有 80MB 的数据会下载到计算机上）。

代码 3.6：加载 IMDB 数据集。

```
library(keras)
imdb <- dataset_imdb(num_words=10000)
```

可以使用本地数据，相应的数据读取代码是：

```
# imdb=dataset_imdb(path="E:/data/深度学习数据集/imdb.npz",num_words=
    10000)
```

```
c(c(train_data, train_labels), c(test_data, test_labels)) %<-% imdb
```

使用多任务操作符（%<-%）操作 Keras 数据库。

在 Keras 中的数据库中，数据集的训练数据和测试数据全部被标注了。使用多任务操作符（%<-%）可以使数据展开为一系列独立的变量，这个操作等价于以下操作。

```
imdb <- dataset_imdb(num_words=10000)
train_data <- imdb$train$x
train_labels <- imdb$train$y
test_data <- imdb$test$x
test_labels <- imdb$test$y
```

但是，多任务操作符明显因为更加精简而被推荐，R 在加载 Keras 后就可以使用 "%<-%" 这个操作符了。

"num_words=10000" 意味着在训练过程中只使用最常用的 1 万个词汇，罕见词汇将被抛弃，这能够帮助我们将变量数据控制在一个可以操作的范围内。

变量 train_data 和 test_data 是评论的列表，每一个评论是以系列单词索引（对一系列词汇做了排序编码）的列表。train_labels 是 0、1 列表，其中 0 表示负面评价，1 表示正面评价。

```
str(train_data[[1]])
```

```
##  int [1:218] 1 14 22 16 43 530 973 1622 1385 65 ...
```

```
train_labels[[1]]
```

```
## [1] 1
```

由于限定了只选用最高频的前 1 万个字，所以词汇索引不会超过 1 万。

```
max(sapply(train_data, max))
```

```
## [1] 9999
```

作为回溯，用户可以很快地将评论反解码为英文单词。

单词索引表记录了单词与整数间的一一对应关系。

```
word_index <- dataset_imdb_word_index()
```

接下来建立反向索引关系，将数字与对应的单词建立一一对应关系。

```
reverse_word_index <- names(word_index)
names(reverse_word_index) <- word_index
```

我们反向解码以下评论，反向解码是从 3 开始的，因为 0、1、2 分别对应着填补、序列开始和未知。

```
decoded_review <- sapply(train_data[[66]], function(index) {
  word <- if (index >= 3)
    reverse_word_index[[as.character(index - 3)]]
  if (!is.null(word))
    word else "?"
})
```

3.3.2 数据预处理

我们不可能将整数列表输入一个神经网络，必须把它们转换为一个张量，这里有两步需要去做。

（1）填补列表，使它们具有相同的长度，将它们转化为整数张量，或者样本或单词索引的这种形状，然后在网络中加入第一个层，这个层能够处理这样的整数张量（embedding layer，埋线层，我们将在后面的章节详细介绍这种层）。

（2）对列表做独热编码（one_hot_encode），将其转化为 0 和 1 的向量。这也就意味着将序列 [3, 5] 转化为一个 10 000 维的向量，在这个向量中除了第 3 个和第 5 个位置上为 1，其他位置全部为 0，之后可以将密集层设置为第 1 层，这种层能够处理浮点向量数据。

接下来是数据向量化的实现过程。

代码 3.7：数据向量化。

```
vectorize_sequences <- function(sequences, dimension=10000) {

  results <- matrix(0, nrow=length(sequences), ncol=dimension)
    #建立一个 len(sequences)×dimension 矩阵，其全部元素为 0

  for (i in 1:length(sequences))
    results[i, sequences[[i]]] <- 1     #在特定位置上设置其取值为 1

  results
}
```

接下来我们看一个例子。

```
x_train <-vectorize_sequences(train_data)
x_test <- vectorize_sequences(test_data)
str(x_train[1,])
```

```
##   num [1:10000] 1 1 0 1 1 1 1 1 1 0 ...
```

可以直接使用以下代码将整数标签转化为数值变量。

```
y_train <- as.numeric(train_labels)
y_test <- as.numeric(test_labels)
```

现在已经为神经网络准备好数据源了。

3.3.3　构建神经网络

在本例中，输入数据是一个张量，并且标签值是定类数据（0 或 1），这是最简单的问题。使用全连接的密集层和激活函数可以有效地处理这一类问题。相关代码如下：

```
layer_dense(units=16, activation="relu")
```

传入本密集层的参数 16 代表着在这一层中有 16 个隐藏单元（hidden unit）。一个隐藏单元代表该层表示空间中的一个维度。在第 2 章中，在密集层使用的 ReLU 激活函数，表示如下张量操作：

$$\text{output} = \text{ReLU}(W \cdot \text{input} + b)$$

式中，"·" 表示矩阵乘法；ReLU 为函数（参见 2.7.2 节）。16 个隐藏单元意味着加权矩阵 W 具有如下维数（input_dimension，16），也就是说，输入变量和加权矩阵计算外积后,将会转化为一个 16 维的表示空间(此后还会在上面加入一个偏置向量 b,并进行 ReLU 操作),可以直接将表征空间的维数理解为神经网络在解释特征时具有多大的灵活性,拥有越多的隐藏单元(具有更高维的展示空间),也就允许网络能够学习更加复杂的表征,但这将会增加计算复杂度,导致学习到不需要的模式(这些模式只能够提升在训练样本上的准确度,但无法提高在测试样本上的准确度)。

在构建密集层时有两个关键因素需要确定下来。

(1)使用多少层?

(2)每层中具有多少个隐藏单元?

第 4 章将系统地介绍如何确定层数和单元数,现在只需要相信我们选择了正确的层数和单元数。

(1)本模型有 16 个单元的双层神经网络。

(2)第 3 层将会基于前两层的结果输出尺度预测结果。

中间层将使用 ReLU 作为激活函数,最后一层(输出层)使用 Sigmoid 作为激活函数。输出结果的一个概率值(取值范围为 0~1),表示着这个样本具有标签 "1" 的概率,也就是说这个评价是正面的机会是多大,要构建的网络如图 3.3.1 所示。

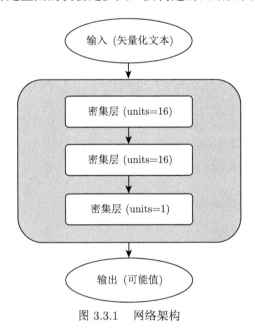

图 3.3.1 网络架构

代码 3.8:模型设定。

```r
library(keras)

model <- keras_model_sequential() %>%
  layer_dense(units=16,
              activation="relu",
```

```
                input_shape=c(10000)) %>%
layer_dense(units=16,
            activation="relu") %>%
layer_dense(units=1,
            activation="sigmoid")
```

最后需要选择一个损失函数和一个优化函数，因为我们将要面对的是一个二分类问题，此时网络输出是一个概率，最佳选择是使用 binary_crossentropy 损失函数，当然它并不是唯一的选择，也可以使用 mean_squared_error。但在处理模型输出结果是概率时，交叉熵是最好的选择，交叉熵是在信息领域中度量两种概率分布距离的数量函数。在这个例子中，它用于度量真实分布和假设分布之间的距离。

接下来就是使用已经确定模型的 rmsprop 优化函数和 binary_crossentropy 损失函数，同时还要在训练过程中监测准确度。

```
model %>% compile(
  optimizer="rmsprop",
  loss="binary_crossentropy",
  metrics=c("accuracy")
)
```

通过上述代码可以将优化函数、损失函数和监测指标以字符串的形式传递给模型。这种做法之所以有效，是因为 rmsprop、binary_crossentropyh 和 accuracy 已经被封装在 Keras 函数库中。如果需要将特定参数传递到优化函数中（例如，学习率），或者自定义一个损失函数或者镜像函数，前者可以通过设置 optimizer 参数来实现，后者可以通过传递函数对象来实现。

代码 3.9：调整模型学习率。

```
model %>% compile(
  optimizer=optimizer_rmsprop(lr=0.001),
  loss="binary_crossentropy",
  metrics=c("accuracy")
)
```

```
model %>% compile(
  optimizer=optimizer_rmsprop(lr=0.001),
  loss=loss_binary_crossentropy,
  metrics= metric_binary_accuracy
)
```

3.3.4 确认路径

为了监测模型对其从未见过的数据的训练准确度，将创建一个评价数据集，该数据集包含初始训练集中 1 万个样本。

代码 3.10：创建一个评价数据集。

```
val_indices <- 1:10000
x_val <- x_train[val_indices,]
partial_x_train <- x_train[-val_indices,]
y_val <- y_train[val_indices]
partial_y_train <- y_train[-val_indices]
```

接下来将在训练集上对模型参数训练 20 个周期（在 x_train 和 y_train 构成的张量上做 20 次迭代）并且同时监测损失函数和准确度函数。可以通过函数 validation_data 来实现以上工作。

代码 3.11：在训练集上训练模型 20 个周期。

```
model %>% compile(optimizer="rmsprop",
  loss="binary_crossentropy",
  metrics=c("accuracy"))

history <- model %>%
  fit(partial_x_train,
      partial_y_train,
      epochs=20,
      batch_size=512,
      validation_data=list(x_val, y_val))
```

在 CPU 上，以上每个周期的运算需要两秒钟，在每个周期结束时，会有一个轻微的停歇，此时计算机正在 10 000 个样本上面计算损失函数和准确度函数。

可以通过 fit() 函数返回一个 history 变量，让我们来看一下这个变量。

```
str(history)

## List of 2
##  $ params :List of 7
##   ..$ batch_size   : int 512
##   ..$ epochs       : int 20
##   ..$ steps        : NULL
```

```
##     ..$ samples      : int 15000
##     ..$ verbose      : int 0
##     ..$ do_validation: logi TRUE
##     ..$ metrics      : chr [1:4] "loss" "acc" "val_loss" "val_acc"
## $ metrics:List of 4
##     ..$ loss    : num [1:20] 0.528 0.314 0.232 0.185 0.15 ...
##     ..$ acc     : num [1:20] 0.784 0.902 0.924 0.939 0.952 ...
##     ..$ val_loss: num [1:20] 0.397 0.318 0.28 0.276 0.313 ...
##     ..$ val_acc : num [1:20] 0.866 0.877 0.893 0.889 0.875 ...
## - attr(*, "class")=chr "keras_training_history"
```

history 对象中包含了用来拟合模型（history$params）的多个参数，也包括用于监测的定量数据（history$params），history 对象可以通过使用 plot() 方法，绘制每个周期的训练结果和评价数据。

```
plot(history)
```

图 3.3.2 中，上侧绘制的是模型损失值，下侧绘制的是模型准确度，由于初始随机数的不同，函数图形可能和图 3.3.2 有轻微的不同。

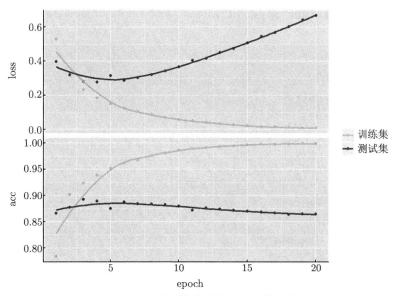

图 3.3.2　模型的准确度与损失值示意图

如图 3.3.2 所示，训练集上的损失值，随着训练周期增加而减少，模型的准确度随着训练周期增加而增加，这正是想通过随机梯度下降方法获得的结果，通过梯度下降优化函数降低误差值，并最终达到损失函数最小化的结果。但这并不意味着测试数据的损失值和准确度也有相同的变动，例如，在图 3.3.2 中，在第 4 个周期准确度达到了峰值

（图中，epoch 表示在训练集上训练模型的训练周期数；acc 表示准确度；loss 表示损失值；后面的图中含义与此处相同）。

　　一个模型在其训练集上的良好表现，并不意味着其在从未见过的测试集上也有良好的表现。更加准确地说，在两个周期以后，将看到过拟合，模型会基于训练数据过度优化，学习到训练数据中的特有信息，但这些信息对于其他数据来说，并不具有一般性，为了避免过拟合，应该在第 3 个周期后停止模型训练，可以使用一系列技术手段减轻过拟合，这部分内容将在第 4 章详细介绍。

　　接下来我们建立一个 4 次迭代以后的新神经网络模型，然后评价它在测试集上的效果。

　　代码 3.12：建立一个 4 次迭代以后的新神经网络模型。

```
model <- keras_model_sequential() %>%
  layer_dense(units=16,
              activation="relu",
              input_shape=c(10000)) %>%
  layer_dense(units=16,
              activation="relu") %>%
  layer_dense(units=1,
              activation="sigmoid")

model %>% compile(
  optimizer="rmsprop",
  loss="binary_crossentropy",
  metrics=c("accuracy")
)

model %>% fit(x_train,
              y_train,
              epochs=4,
              batch_size=512)

results <- model %>%
  evaluate(x_test, y_test)

results

## $loss
## [1] 0.2975388
```

```
##
## $acc
## [1] 0.88412
```

整个模型的拟合准确度达到约 88.4%。

当获得一个训练好的神经网络以后，我们将希望使用它对实际数据做预测，可以使用 predict() 函数得到一条评论为正面的可能性。

（1）模型超参数：最佳层数确定。在构建和使用深度神经网络时，面临的主要困难之一是选择适当的层数。这个问题极具挑战性，因为层数的增加可以让深度神经网络模型在训练集上达到非常好的拟合效果，但在没有见过的测试集上表现却很糟，即模型的稳健性和泛化性不足。

最佳层数本质上是一个模型选择问题。使用传统的模型选择技术可以解决部分问题，其中一个新手最常使用的就是试错法，其次是针对选择标准，进行系统的全局搜索。如果将每个中间层视为一个特征检测器，层数越多，就具有学到越复杂规律的特征检测器。一个直观的经验法则就是函数越复杂，使用的层数越多。

（2）模型超参数：神经元数量确定。在构建和使用深度神经网络时，另一个困难是选择适当的神经元数量，随之出现的问题便是究竟包含多少个神经元比较合适。衡量这个数量的一个角度是需要模型从数据中抽取的神经元数量的变化范围。这些变化范围通常是由变量的自身属性所决定的（如从概率分布中随机抽取），或者它们可能是用户尝试的建模过程中固有的。

一个直观经验是在每一层使用更多的神经元来监测数据中的精细结构。然而，使用的中间层神经元越多，过拟合的风险也就越大。因为随着神经元的增多，深度神经网络学习到特殊模式和噪声的可能性就越大，而不是数据的基本统计结构，过拟合的可能性就越大。结果就是深度神经网络在训练集上表现很好，但在训练集外表现不佳。

在构建深度神经网络模型的时候，一定要牢记这个关键点。为了获得最佳泛化能力，深度神经网络在可容忍的误差内，应该使用尽可能少的神经元来解决手头的问题。训练集的数据量越大，模型设置的神经元数量可以越多，同时还可以保持深度神经网络模型的泛化能力。

3.3.5　进一步的尝试

虽然本章的模型还有进一步改进的空间，但接下来的实验可以让我们理解，我们现在构建的模型还是合理的。

（1）上面的模型中使用了两个中间层，请读者试一试用三个或者是一个中间层，看一下模型的拟合效果如何。

（2）试着使用更多的隐藏单元或者更少的隐藏单元，如 32 个隐藏单元、64 个隐藏单元等。

（3）改用 MSE 作为损失函数，替代 binary_crossentropy。

（4）使用 tanh 激活函数，替代 ReLU 激活函数。

3.3.6 小结

通过本节案例可以学到以下内容。

（1）需要对原始数据做一系列的预处理，以使数据满足模型要求，语言序列可以被编码为二元变量，还可以使用其他的编码方式，将文本数据转化为数值型数据（神经网络可以处理的数据类型）。

（2）密集层堆栈使用激活函数可以处理很多种问题，未来将有很多机会使用它们。

（3）二分类神经网络模型中，输出层选用的是带有一个神经元的密集层，激活函数选择的是 Sigmoid 函数。此时模型的输出结果是 0~1 的概率值。

（4）对于这个二分类函数 Sigmoid 的输出，应该选择使用 binary_crossentrop 作为损失函数。

（5）无论面对什么样的问题，rmsprop 总是一个不错的优化方案，在神经网络构建中，优化方案是最需要花费时间的问题。

（6）当神经网络在训练数据上变得越来越好时，它可能正在变得过拟合，此时该模型在它从未见过的数据上，误差将会增加，因此一定要对训练集上的表现做好监测。

3.4 手写数字识别：多分类问题

3.3 节中，我们介绍了如何用密集连接的神经网络将输入向量划分为两个互斥的类别。接下来，本节将讨论构建的一个网络，将输入向量划分为多个互斥的主题。因为分类目标是多个类别，所以这是多分类（multiclass classification）问题的一个例子。此外，因为每个数据点只能划分到一个类别中，所以更具体地说，这是单标签、多分类（single-label, multiclass classification）问题的一个实例。如果每个样本点可以划分到多个类别（主题）中，那么它就是一个多标签、多分类（multi-label, multiclass classification）问题，本书主要讨论第一种情况。

3.4.1 MNIST 数据集

MNIST 数据集由美国国家标准与技术研究院（National Institute of Standards and Technology）于 20 世纪 80 年代收集整理而成，数据集中包含 60 000 张训练图像和 10 000 张测试图像，它几乎与该领域本身的历史一样长，并且已经进行过深入研究，形成了规范的研究方案。我们可以将 "解决"MNIST 视为深度学习的 "Hello World"——这是验证算法是否按预期工作的有效方法。当读者成为机器学习从业者时，会看到 MNIST 一遍又一遍地出现在科学论文、博客等文章中。

MNIST 数据集以 Keras 的形式预先加载，并以列表的形式列出，训练集和测试集中的每一个列表中都包括一组图像（x）和相关的标签（y）。

代码 3.13：在 Keras 中加载 MNIST 数据集。

```
library(keras)
mnist <- dataset_mnist()
train_images <- mnist$train$x
train_labels <- mnist$train$y
test_images <- mnist$test$x
test_labels <- mnist$test$y
```

train_images 和 train_labels 构成了模型训练集将学习的数据，首先在训练集上训练该模型。然后将在测试集的 test_images 和 test_labels 上测试该模型。图像被编码为三维阵列，标签是一维数字阵列，范围为 0~9。并且图像和标签之间存在一对一的对应关系。R 语言中的 str() 函数是一种方便的工具，用于输出数据框中的变量和变量类型，下面让我们使用它来看看结果。

首先是训练数据：

```
str(train_images)
```

```
##  int [1:60000, 1:28, 1:28] 0 0 0 0 0 0 0 0 0 0 ...
```

```
str(train_labels)
```

```
##  int [1:60000(1d)] 5 0 4 1 9 2 1 3 1 4 ...
```

然后是测试数据：

```
str(test_images)
```

```
##  int [1:10000, 1:28, 1:28] 0 0 0 0 0 0 0 0 0 0 ...
```

```
str(test_labels)
```

```
##  int [1:10000(1d)] 7 2 1 0 4 1 4 9 5 9 ...
```

工作流程如下:首先我们为神经网络提供训练数据,即 train_images 和 train_labels;然后，网络将学习关联图像和标签；最后，我们将要求网络为 test_images 生成预测，将验证这些预测是否与 test_labels 中的标签匹配。

代码 3.14：准备图像数据。

```
train_images <- array_reshape(train_images, c(60000, 28*28))
train_images <- train_images / 255
test_images <- array_reshape(test_images, c(10000, 28*28))
test_images <- test_images / 255
```

请注意，此处使用 array_reshape() 函数[①]而不是 dim<-() 函数来重塑数组。然后使用 to_categorical() 函数对标签进行分类编码。

代码 3.15：查看输入变量数据格式。

```
str(train_images)
```

```
## num [1:60000, 1:784] 0 0 0 0 0 0 0 0 0 0 ...
```

代码 3.16：准备标签。

```
train_labels <- to_categorical(train_labels)
test_labels <- to_categorical(test_labels)
```

代码 3.17：查看输出变量数据格式。

```
str(train_labels)
```

```
## num [1:60000, 1:10] 0 1 0 0 0 0 0 0 0 0 ...
```

代码 3.18：绘制 MNIST 数据集中手写数字图片示例。

```
par(mfrow=c(1,4), mar=c(0, 0, 0, .5))
for (i in 1:4) {
  show_image_1 <- train_images[i, ] %>%
  array_reshape(c(28, 28)) %>%
  array_reshape(c(1, 28, 28, 1)) %>%
  flow_images_from_data() %>%
  generator_next()

  plot(as.raster(show_image_1[1,,,]))
}
```

---

① array_reshape() 函数是 Keras 包中提供的重塑数组的函数。

MNIST 数据集中手写数字示例如图 3.4.1 所示。

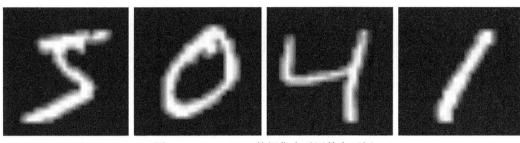

图 3.4.1　MNIST 数据集中手写数字示例

3.4.2　构建网络

手写数字识别分类问题与前面的电影评论分类问题类似，不同之处是对图片数据进行多分类，具体来讲，本例中的输出是一个 10 维向量，相应的输出空间的维度要大得多。对于前面用过的密集层的堆叠，每层只能访问上一层输出的信息。如果某一层丢失了与分类问题相关的一些信息，那么这些信息将无法被后面的层找回，也就是说，每一层都可能成为信息瓶颈。上一个例子使用了 16 维的中间层，但对这个例子来说 16 维空间可能太小了，无法学会区分 10 个不同的类别。这种维度较小的层可能成为信息瓶颈，永久地丢失有价值的信息。出于这个原因，本例中将使用更大的层。

在这个例子中，我们的网络由两层序列组成，这两层都选择了密集层。第二层（也是最后一层）是一个 10 路完全连接的 Softmax 层，这意味着它将返回一个由 10 个概率得分构成的数组（总和为 1）。每个得分表示当前数字图像属于 10 个数字类别之一的概率。

代码 3.19：构建网络。

```
network <- keras_model_sequential() %>%
  layer_dense(units=512,
              activation="relu",
              input_shape=c(28 * 28)) %>%
  layer_dense(units=10,
              activation="softmax")
```

最后一层使用了 Softmax 激活函数。网络将输出在 10 个不同输出类别上的概率分布——对于每一个输入样本，网络都会输出一个 10 维向量，其中 output[i] 是样本属于第 i 个类别的概率，10 个概率的总和为 1。对于这个例子，最好的损失函数是 categorical_crossentropy（分类交叉熵）。它用于衡量两个概率分布之间的距离，这里两个概率分布分别是网络输出的概率分布和标签的真实分布。通过将这两个分布的距离最小化使训练网络的输出结果尽可能接近真实标签，优化器沿用前面选择的 rmsprop。

代码 3.20：编译步骤。

```
network %>% compile(
  optimizer="rmsprop",
  loss="categorical_crossentropy",
  metrics=c("accuracy")
)
```

可以看到该函数直接修改了网络（而不是 compile() 返回一个新的神经网络对象，这在 R 语言中是更常见的）。当我们在本章后面重新讨论这个例子时，我们将描述其原因。

由于数据取值范围差别很大，在训练之前，我们通过数组重塑将输入数据转换为网络所需的形状并对其取值进行缩放以使所有值都在 [0, 1] 区间内。在数据预处理之前，原始数据训练图像存储在形状为 (60 000, 28, 28) 的整数型数组中，取值为 [0, 255]。我们将其转换为取值为 0~1，形状为 (60 000, 28×28) 的二维数组。

我们现在已准备好开始训练网络，在 Keras 中通过调用网络的 fit() 函数完成，我们用训练数据开始训练模型。

3.4.3　构建验证集

我们在训练数据中留出 1000 个样本作为验证集。

代码 3.21：构建验证集。

```
val_indices <- 1:1000
val_train_x <- train_images[val_indices,]
partial_train_x <-train_images[-val_indices,]
val_train_y <- train_labels[val_indices,]
partial_train_y <- train_labels[-val_indices,]
```

代码 3.22：训练网络。

```
history <-network %>% fit(
  partial_train_x,
  partial_train_y,
  epochs=20,
  batch_size=512,
  validation_data=list(val_train_x, val_train_y)
)
```

在训练期间显示两个数量结果：网络上的训练损失数据，以及网络对训练数据的预测准确性。模型很快就达到了 98.9% 的准确度。第 10 个周期后，在验证集上的预测准确度不再提升，显示网络开始出现过拟合。下面训练一个共训练 10 个周期的新网络，然后在测试集上评估模型。

代码 3.23：训练一个共 10 个周期的新模型。

```
network <- keras_model_sequential() %>%
  layer_dense(units=512,
              activation="relu",
              input_shape=c(28 * 28)) %>%
  layer_dense(units=10,
              activation="softmax")

network %>% compile(
  optimizer="rmsprop",
  loss="categorical_crossentropy",
  metrics=c("accuracy")
)

history <- network %>% fit(
  partial_train_x,
  partial_train_y,
  epochs=10,
  batch_size=512,
  validation_data=list(val_train_x,val_train_y))

results <- network %>%
  evaluate(test_images, test_labels)
```

以下是最终结果：

```
results

## $loss
## [1] 0.06693974
##
## $acc
## [1] 0.9794
```

测试集的准确度为 97.94%，略低于训练集上的表现。训练准确度和测试准确度之间的差距体现了模型泛化能力的强弱，机器学习模型在新数据上的表现往往比在训练数据上更差。

让我们为测试集的前 10 个样本生成预测。

代码 3.24：生成预测。

```
network %>% predict_classes(test_images[1:10,])
```

```
## [1] 7 2 1 0 4 1 4 9 5 9
```

3.4.4 进一步尝试

（1）尝试使用更少的隐藏单元，如 256 个、128 个等。

（2）前面使用了一个中间层，现在尝试使用更多的中间层。

3.4.5 小结

下面是应该从这个例子中学到的要点。

（1）如果要对 N 个类别的数据点进行分类，网络的最后一层应该是大小为 N 的密集层。

（2）对于单标签、多分类问题，网络的最后一层应该使用 Softmax 激活函数，这样可以输出在 N 个输出类别上的概率分布。

（3）这种问题的损失函数几乎总是使用分类交叉熵。它将网络输出的概率分布与目标的真实分布之间的距离最小化。

（4）如果需要将数据划分到许多类别中，应该避免使用太少的中间层，以免在网络中造成信息瓶颈。

3.5 预测房价：回归问题

前面两个例子都是分类问题，其目标是预测输入数据点所对应的单一离散的标签。另一种常见的机器学习问题是回归问题[①]，它预测一个连续值而不是离散的标签，例如，根据气象数据预测明天的气温，或者根据软件说明书预测完成软件项目所需要的时间。

3.5.1 波士顿房价数据集

本节将要根据 20 世纪 70 年代中期以前的相关数据预测 20 世纪 70 年代中期波士顿郊区房屋价格的中位数，已知当时郊区的一些数据点，如犯罪率、当地房产税率等。本节用到的数据集与前面两个例子有一个有趣的区别，它包含的数据点相对较少，只有 506 个，分为 404 个训练样本和 102 个测试样本。输入数据的每个特征（如犯罪率）都有不同的取值范围。例如，有些数据是比例，取值范围为 0~1；有些数据的取值范围为 1~12；还有的取值范围为 0~100 等。

---

① 不要将回归问题与 Logistic 回归算法混为一谈。Logistic 回归不是回归算法，而是分类算法。

代码 3.25：加载波士顿房价数据。

```
library(keras)
dataset <- dataset_boston_housing()
c(c(train_data, train_targets), c(test_data, test_targets)) %<-% dataset
```

我们来看一下数据：

```
str(train_data)
```

```
## num [1:404, 1:13] 1.2325 0.0218 4.8982 0.0396 3.6931 ...
```

```
str(test_data)
```

```
## num [1:102, 1:13] 18.0846 0.1233 0.055 1.2735 0.0715 ...
```

可以看出，有 404 个训练样本和 102 个测试样本，每个样本都有 13 个数值特征，如人均犯罪率、每个住宅的平均房间数、高速公路可达性等。目标是预测房屋价格的中位数，单位是千美元。

```
str(train_targets)
```

```
## num [1:404(1d)] 15.2 42.3 50 21.1 17.7 18.5 11.3 15.6 15.6 14.4 ...
```

房价大都为 10 000~50 000 美元。当时是 20 世纪 70 年代中期，这些价格是没有根据通货膨胀进行调整的。

绘制相关系数图，如图 3.5.1 所示。

```
library(MASS)
library(corrplot)
mcor<-cor(cbind(train_data,train_targets))
round(mcor)
```

```
##                                               train_targets
##     1  0  0 0  0  0  0  0  1  1 0 0  0              0
##     0  1 -1 0 -1  0 -1  1  0  0 0 0  0              0
##     0 -1  1 0  1  0  1 -1  1  1 0 0  1              0
##     0  0  0 1  0  0  0  0  0  0 0 0  0              0
##     0 -1  1 0  1  0  1 -1  1  1 0 0  1              0
##     0  0  0 0  0  1  0  0  0  0 0 0 -1              1
##     0 -1  1 0  1  0  1 -1  0  1 0 0  1              0
```

```
##                 0  1 -1 0 -1  0 -1  1 -1 -1 0 0 -1          0
##                 1  0  1 0  1  0  0 -1  1  1 0 0  0          0
##                 1  0  1 0  1  0  1 -1  1  1 0 0  1          0
##                 0  0  0 0  0  0  0  0  0  0 1 0  0          0
##                 0  0  0 0  0  0  0  0  0  0 0 1  0          0
##                 0  0  1 0  1 -1  1 -1  0  1 0 0  1         -1
## train_targets 0  0  0 0  0  1  0  0  0  0 0 0 -1          1
```

```
corrplot(mcor)
```

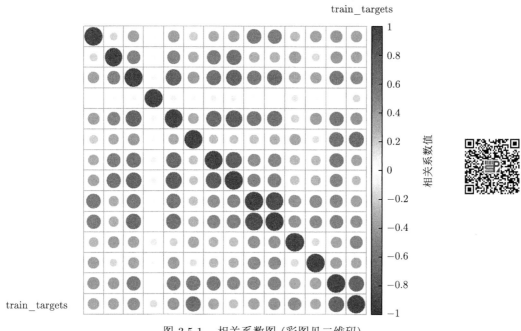

图 3.5.1　相关系数图 (彩图见二维码)

查看缺失值：

```
apply(train_data,2,function(x) sum(is.na(x)))
```

```
##  [1] 0 0 0 0 0 0 0 0 0 0 0 0 0 0
```

绘制自变量和因变量的关系图，如图 3.5.2 所示。

```
plot(train_data[,1], train_targets)
```

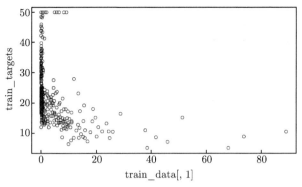

图 3.5.2   自变量和因变量的关系图

3.5.2   准备数据

神经网络建模中不能直接输入取值范围差异很大的数据，虽然网络可能会自动适应这种取值范围不同的数据，但是这会使学习变得更加困难。对于这种数据，普遍采用的方法是对每个特征进行标准化，即对于输入数据的每个特征（输入数据矩阵中的列），减去特征平均值，再除以标准差，这样得到平均值为 0、标准差为 1 的新数据。scale() 可以很容易实现标准化。

代码 3.26：数据标准化。

```
mean <- apply(train_data, 2, mean)
std <- apply(train_data, 2, sd)
train_data <- scale(train_data, center=mean, scale=std)
test_data <- scale(test_data, center=mean, scale=std)
```

注意，在测试数据进行标准化时，要采用训练数据上计算得到的均值和标准差。在工作流程中，不能使用在测试数据上计算得到的任何结果，即使像数据标准化这样简单的数据处理也不行。

3.5.3   构建网络

由于样本数量很少，下面将使用一个非常小的网络，其中包含两个中间层，每层有 64 个单元。一般来说，训练数据越少，过拟合会越严重，而较小的网络可以减少过拟合的影响。

代码 3.27：模型定义。

```
build_model <- function() {
  model <- keras_model_sequential() %>%
    layer_dense(units=64,
```

```
               activation="relu",
               input_shape=dim(train_data)[[2]]) %>%
    layer_dense(units=64,
               activation="relu") %>%
    layer_dense(units=1)

model %>% compile(
    optimizer="rmsprop",
    loss="mse",
    metrics=c("mae")
  )
}
```

　　因为需要将同一个模型多次实例化，所以用一个函数来构建模型。网络的最后一层只有一个单元，没有使用激活函数，是一个线性层。这是标量回归（标量回归是预测单一连续值的回归）的典型设置。添加激活函数将会限制输出范围，例如，如果向最后一层添加 Sigmoid 激活函数，网络只能学会预测 0~1 范围内的值。这里最后一层是纯线性的，所以网络可以学会预测任意范围内的值。注意，编译网络用的是 MSE 损失函数，即预测值与目标值之差的平方。这是回归问题常用的损失函数。在训练过程中还需要监测一个新指标：平均绝对误差（mean absolute error，MAE），它是预测值与目标值之差的绝对值。例如，如果这个问题的 MAE 等于 0.5，就表示预测的房价与实际价格平均相差 500 美元，MAE 的计算公式如下：

$$\text{MAE} = \frac{1}{2N} \sum_{i=1}^{n} |\hat{y}_i - y_i|$$

式中，$\hat{y}_i$ 表示预测值；y_i 表示目标值；N 表示样本容量；n 表示样本数。

3.5.4　利用交叉验证来验证模型

　　为了在调节网络参数（如训练的轮数）的同时对网络进行评估，可以将数据划分为训练集和验证集，正如前面例子中所做的那样。但由于数据点很少，验证集会非常小（如大约 100 个样本）。因此，验证分数可能会有很大波动，这取决于所选择的验证集和训练集。也就是说，验证集的划分方式可能会造成验证分数有很大的方差，这样就无法对模型进行可靠的评估。在这种情况下，最佳做法是使用 K 折交叉验证。这种方法将可用数据折分为 K 个分区（K 通常取 4 或 5），实例化 K 个相同的模型，将每个模型在 K − 1 个分区上训练，并在剩下的一个分区上进行评估。模型的验证分数等于 K 个验证分数的平均值。这种方法的代码实现很简单。

代码 3.28：交叉验证。

```
k <- 4
indices <- sample(1:nrow(train_data))
folds <- cut(indices, breaks=k, labels=FALSE)
num_epochs <- 100
all_scores <- c()
for (i in 1:k) {
  cat("processing fold #", i, "\n")
  val_indices <- which(folds==i, arr.ind=TRUE)
  val_data <- train_data[val_indices,]
  val_targets <- train_targets[val_indices]
  partial_train_data <- train_data[-val_indices,]
  partial_train_targets <- train_targets[-val_indices]
  model <- build_model()
  model %>%
    fit(partial_train_data, partial_train_targets,
  epochs= num_epochs, batch_size=1, verbose=0)
  results <- model %>%
    evaluate(val_data, val_targets, verbose=0)
  all_scores <- c(all_scores, results$mean_absolute_error)
}

## processing fold # 1
## processing fold # 2
## processing fold # 3
## processing fold # 4
```

设置 num_epochs = 100，运行结果如下：

```
all_scores

## [1] 2.689351 2.395301 2.284863 2.828767

mean(all_scores)

## [1] 2.54957
```

每次运行模型得到的 MAE 有很大差异，从 2.6 到 3.2 不等。此时，MAE 的均值（3.0）是比单个 MAE 值更可靠的指标——这也是 K 折交叉验证的关键。

在这个例子中,预测的房价与实际价格平均相差 3000 美元,考虑到实际价格范围为 10 000~50 000 美元,这一差别还是很大的。我们让训练时间更长一点,如训练 500 个周期。为了记录模型在每轮的表现,我们需要修改训练循环,以保存每轮的验证分数记录。

代码 3.29:保存每次折分的验证结果。

```
num_epochs <- 500
all_mae_histories <- NULL
for (i in 1:k) {
  cat("processing fold #", i, "\n")
  val_indices <- which(folds==i, arr.ind=TRUE)
  val_data <- train_data[val_indices,]
  val_targets <- train_targets[val_indices]
  partial_train_data <- train_data[-val_indices,]
  partial_train_targets <- train_targets[-val_indices]
  model <- build_model()
  history <- model %>% fit(
    partial_train_data, partial_train_targets,
    validation_data=list(val_data, val_targets),
    epochs= num_epochs, batch_size=1, verbose=0  )
  mae_history <- history$metrics$val_mean_absolute_error
  all_mae_histories <- rbind(all_mae_histories, mae_history)
  }

## processing fold # 1
## processing fold # 2
## processing fold # 3
## processing fold # 4
```

然后计算每个轮次中所有折 MAE 的平均值。

代码 3.30:计算所有轮次中的 K 折验证分数平均值。

```
average_mae_history <- data.frame(
  epoch=seq(1:ncol(all_mae_histories)),
  validation_mae=apply(all_mae_histories, 2, mean)
)
```

下面画图来看一下。

代码 3.31：绘制验证分数。

```
library(ggplot2)
ggplot(average_mae_history, aes(x=epoch, y=validation_mae)) +
    geom_line()
```

因为纵轴的范围较大，且数据方差相对较大，所以难以看清图的规律。我们来重新绘制一张图，删除前 10 个数据点，因为它们的取值范围与曲线上的其他点不同。将每个数据点替换为前面数据点的指数移动平均值，以得到光滑的曲线，结果如图 3.5.3 所示（epoch 为训练周期，validation_mae 为验证分数平均值）。

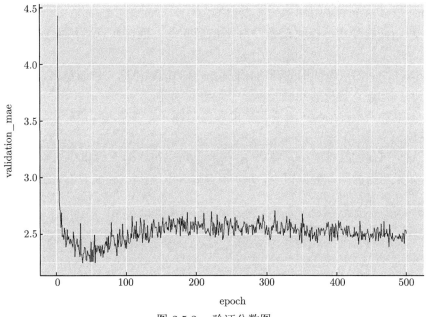

图 3.5.3   验证分数图

完成模型调参之后（除了轮数，还可以调节中间层大小），可以使用最佳参数在所有训练数据上训练最终的模型，然后观察模型在测试集上的性能。

代码 3.32：训练最终模型。

```
model <- build_model()
model %>% fit(train_data, train_targets,
epochs=80, batch_size=16, verbose=0)
result <- model %>% evaluate(test_data, test_targets)
```

最终结果如下：

```
result
```

```
## $loss
## [1] 18.52205
##
## $mean_absolute_error
## [1] 2.734674
```

我们预测的房价和实际价格相差约 2735 美元。

3.5.5　小结

读者应该从这个例子中学到的要点如下。

（1）回归问题使用的损失函数与分类问题不同，回归问题常用的损失函数是均方误差。

（2）同样，回归问题使用的评估指标也与分类问题不同。显而易见，准确度的概念不适用于回归问题，常见的回归指标是平均绝对误差。

（3）如果输入数据的特征具有不同的取值范围，应该先进行预处理，对每个特征单独进行缩放。

（4）如果可用的数据很少，使用 K 折验证可以可靠地评估模型。

（5）如果可用的训练数据很少，最好使用中间层较少（通常只有一到两个）的小型网络，以避免严重的过拟合。

第4章

神经网络模型的泛化策略

本章内容包括：模型评价、权重参数正则化、Dropout、早停法、批标准化。

4.1　模型评价

在详细介绍神经网络的模型优化之前，我们首先需要学习机器学习中关于模型评价的内容，因为只有知道什么样的模型是"好"模型，才能顺着这些评价标准优化和改进模型。神经网络模型本质上也是机器学习的一种，因此在机器学习中的模型评价完全适用于神经网络模型，也适用于将神经网络"加深"后的深度学习。

4.1.1　泛化能力

我们考虑机器学习的目的，最直接的想法是在已观测到的样本数据上"学习"得到一个预测能力"最优"的模型。例如，在一个图像识别任务中，我们构建了一个用于识别猫或者狗的神经网络模型，为了"学习"这个模型，我们需要利用大量样本数据自动获取最优的权重参数。但这样的模型很可能只在这个特定数据集上表现得足够优秀，如果任务要求对一个全新的数据集进行识别，则该模型的表现通常就会大打折扣了。

对于机器学习来说，一个真正优秀的模型不仅满足于在已知的样本数据上表现好，更应考虑在前所未见的"新数据"上表现好。我们把这种在"新数据"上表现好的能力称为机器学习的泛化能力（generalization），机器学习的目的就是获得泛化能力强的模型。

因此，在"学习"机器学习模型时，只提供一个样本数据集是不够的，我们至少需要一个训练集（training dataset）和一个测试集（test dataset），然后在训练集上训练模型，在测试集上评估模型的表现，这也是很多机器学习任务至少提供两个数据集的原因。当然，有时只提供了一个样本数据集，并没有进行分割，在这种情况下，用户需要自行进行分割，常用的策略是随机抽取 70% 的样本数据作为训练集，剩余 30% 的样本数据作为测试集，训练集较大的原因是我们需要大多数的样本数据以充分训练模型。

有了训练集和测试集，我们就可以在此基础上进一步评价模型了。第 2 章已经介绍过，损失函数用于表示模型在预测能力上的误差，因此当损失函数给定时，可通过损失函数来评价模型。其中，在训练集上的模型误差，称为训练误差（training error），在测试集上的模型误差，称为测试误差（test error）。机器学习的目的是泛化，因此训练误差的大小其实并不是我们关注的目标，测试误差小的模型才真正意味着具有更好的预测能力，因此我们以测试误差评价模型的泛化能力。

但在实际操作时，上述做法还是会存在泛化问题。因为模型总是需要调节结构配置，例如，对于多层神经网络来说，层数或每层的神经元数往往也是需要自动"学习"确定的，这些参数称为超参数（hyperparameter），与模型的权重参数相区别。超参数也需要依据模型在测试数据上的表现提供反馈，如果我们利用测试数据配置超参数，那么即使我们没有在测试集上直接训练模型，模型的泛化能力也会变弱。

造成这一现象的原因主要是信息泄露（information leak）[①]。基于模型在测试集上的表现来调节超参数，会使一些关于测试集的信息泄露到模型中。如果每个参数只调节一次，那么测试集还可以可靠评估模型，但如果多次重复调参，那么就会有大量信息泄露到模型中，此时测试数据就会间接变成训练数据，模型虽然在训练和测试数据上的表现均可圈可点，但在这些数据之外的"新数据"上，泛化能力仍然比较弱。

为了应对这一问题，在实际操作中一个简单的方案是：把机器学习任务提供的训练集再划分为更小的训练集和验证集（validation dataset），在这个更小的训练集上训练模型，在验证集上进行参数调优，在测试集上最后测试一次模型的表现，作为模型的客观评价，这就是评估机器学习模型常用的留出验证法（hold-out validation）。

4.1.2　过拟合与欠拟合

在神经网络模型中，可以通过增加层数和每层神经元的数量提高模型的预测能力，但这么做也会大量增加权重参数的数量，从而提高模型的复杂度。这时就会出现"过度训练"的情况，即模型过多地学到了训练数据的"噪声"（只符合特定样本数据的特征）而不是"普遍规律"（不局限于特定样本数据的特征），从而降低了模型的泛化能力，这就是过拟合（overfitting）问题。

实际上，过拟合是所有机器学习模型面临的核心问题之一，其现象就是模型在训练数据上的表现不断提高，而在"新数据——测试数据"上的表现不再变化甚至开始下降。检测过拟合问题可通过观察测试误差与训练误差的相对大小来实现，如果训练误差非常低而测试误差较高，就表示过拟合问题严重。本章剩余章节都是围绕缓解神经网络模型中的过拟合问题而展开的讨论。

实际上，还存在一种模型表现不佳的场景：当模型复杂度较低时，训练误差和测试误差都比较高，此时我们称模型遇到了欠拟合（underfitting）问题。换句话说，欠拟合是在训练集上模型没有达到"最优"的效果，而如果模型在训练集上表现不佳，那么在测试集上的表现也一定不会好，如图 4.1.1 所示。第 2 章介绍过的 mini-batch、参数更

---

① 延伸阅读参考书目为《Python 深度学习》。

新和权重初始化等都属于欠拟合的神经网络模型优化策略①。

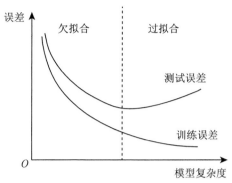

图 4.1.1 训练误差和测试误差与模型复杂度之间的关系

4.1.3 交叉验证

4.1.1 节中介绍过可通过留出验证法来实现超参数调优和模型评价，实际上这种方法是交叉验证（cross validation）方法的一种，交叉验证是在统计学上将样本数据集随机分割成相互独立的较小子集的实用方法，其作用就是防止模型过于复杂而引起的过拟合。在超参数调优和模型评价时使用交叉验证的原因是：如果样本数据充足，那么可以直接将数据集随机划分成训练集、验证集和测试集，在训练集上训练模型，在验证集上调节参数，在测试集上最后评估；但实际操作过程中数据是不充足的，验证集上的参数调优往往难以达到预期效果，因此我们需要重复使用数据，常用的划分策略分为两种。

1. 留出验证法

留出验证法的基本思路是，将机器学习任务所给的训练数据再划分为更小的训练集和验证集，其中新训练集的数据比例一般为 70%~80%，剩余 20%~30% 的数据作为验证集，需要强调的是，划分要采用随机无放回抽样。然后我们在训练集上训练模型，在验证集上调参，然后把验证集上的"最优"模型放在测试集上，给出最后的模型评价，如图 4.1.2 所示。

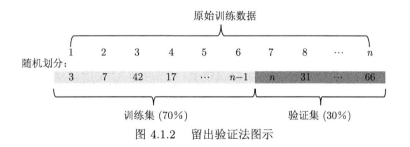

图 4.1.2 留出验证法图示

---

① 神经网络模型包括优化和泛化，优化在训练集上进行，针对欠拟合问题进行改进，包括 mini-batch、参数更新、权重初始化策略；泛化在测试集上进行，针对过拟合问题进行改进，包括正则化、Dropout、早停法、批标准化等，因为第 3 章在介绍神经网络模型时已经介绍了优化策略，本章仅介绍泛化策略。

2. K 折交叉验证

留出验证法虽然操作简单，但存在两个问题：一是如果可用数据很少，则验证集上的样本太少，那么就不具备统计意义上的代表性；二是由于划分数据时采用随机划分方法，最终得到的模型性能差别会非常大，模型的泛化稳定性无法保证。为了解决这两个问题，我们可以使用 K 折交叉验证法。

K 折交叉验证法的基本思路是，将数据划分为 K 个互不相交、大小相同的分区，然后利用其中的 $K-1$ 个分区的数据训练模型，利用剩余的 1 个分区验证模型。将这个过程重复 K 次，对 K 次验证评价结果取平均，选出平均评价结果最好的模型，如图 4.1.3 所示。K 的常用取值为 5 或 10。

图 4.1.3　5 折交叉验证法图示

4.2　权重参数正则化

广义的正则化（regularization）指"对学习算法的修改——旨在减少泛化误差而不是训练误差"。这里的泛化误差，可以理解为前面所介绍的测试误差，因此我们可以认为，正则化策略就是缓解测试集上的过拟合而实施的策略，或者说是提高模型泛化能力的策略。目前有许多正则化策略，本节主要为大家介绍基于参数范数惩罚的正则化策略，其他常用方法将在后续章节介绍。

4.2.1　范数惩罚

基于范数惩罚（norm penalty）的正则化策略在其他统计模型中也有广泛应用，例如，在线性回归模型中，岭回归和 Lasso 回归就是基于范数惩罚的正则化回归方法。总的来说，范数惩罚就是通过"惩罚"模型参数来控制模型的复杂度，从而减小测试误差，达到缓解过拟合并且提高模型泛化能力的效果。如果我们能将模型复杂度控制在某一个"中间"的位置，这样就会使训练误差较小的同时测试误差达到最小，从而达到缓解过拟合以及提升模型泛化能力的目的。

那么如何实现对模型参数的"惩罚"呢？让我们先来回忆第 2 章中介绍过的损失函数。损失函数用于表示当前模型的预测值与真实观测值在多大程度上"不一致"。我们以均方误差的损失函数为例，令 $\theta = \{w_1, w_2, \cdots\}$ 表示权重参数集合，n 表示观测样本量，其形式可写作：

$$L(\theta) = \frac{1}{n}\sum_{i=1}^{n}(y_i - f(x_i,\theta))^2 \qquad (4.2.1)$$

所谓对权重参数的范数惩罚，就是在上述损失函数即式 (4.2.1) 的基础上增加一个惩罚项，用 $\lambda J(\theta)$ 表示，这个惩罚项通过限制权重参数的取值来实现模型复杂度的"惩罚"，其中 $\lambda > 0$ 被称为惩罚系数，是用于权衡模型的预测能力和复杂度的超参数。为了使新的损失函数即式 (4.2.2) 达到最小，必须同时让表示预测能力的原始损失函数和表示模型复杂度的惩罚项 $\lambda J(\theta)$ 同时达到最小，这就在保证模型在训练集上的预测能力的同时缓解了测试集上的过拟合问题，进而提高模型的泛化能力。

$$L'(\theta) = L(\theta) + \lambda J(\theta) \qquad (4.2.2)$$

4.2.2　L1 和 L2 正则化

常用的范数惩罚有两种，分别是 L1 和 L2 范数惩罚，相应的正则化策略分别称为 L1 正则化（L1 regularization）和 L2 正则化（L2 regularization）。

1. L1 正则化

L1 范数也称为最小绝对值收缩和选择算子（least absolute shrinkage and selection operator，LASSO），以权重系数绝对值和的形式表示（Hastie et al.，2009）。

对于均方误差损失函数的情形，令 p 表示权重参数个数，增加 L1 正则化的损失函数的表达式如下：

$$L'_1(\theta) = \frac{1}{n}\sum_{i=1}^{n}(y_i - f(x_i,\theta))^2 + \lambda\sum_{j=1}^{p}|\theta_j|$$

L1 范数的基本思想是一种用来把权重向零的方向缩减的约束。由于约束项使用的是权重绝对值的和，所以无论对于小的还是大的权重，惩罚的程度都不会更小或者更大，因此结果会使对模型解释能力较弱的参数取值变为 0，从而实现模型的参数选择，同时可以防止过拟合。

此外，利用 L1 范数惩罚这一基本思想，可以把解释度小的变量向零的方向缩减，只考虑留下非零权重的变量，这在本质上就实现了变量选择的功能，因此 L1 正则化在机器学习中还被广泛用于特征选择（feature selection）。除此之外，L1 范数把解释能力较弱的参数估计值缩减到零的趋势有助于简化模型。当我们把 L1 范数作为约束进行优化时，可以更容易地看出它如何有效地限制了模型的复杂性。即使模型中包括许多参数，参数绝对值的和也不能超过定义的阈值。这样做的一个结果是，只要有足够强的惩罚项，就有可能将比样例或观测还要多的预测变量（根据权重个数）构成的过参数化的模型，通过这一约束变成唯一的估计。

下面我们以一个数据集为案例，对比了未使用 L1 正则化的模型和使用 L1 正则化的模型在验证集上预测的准确度，结果显示，使用 L1 正则化的模型在验证集上的预测准确度更高。其中代码 4.1 和图 4.2.1 是未使用 L1 正则化的代码和模型学习情况图，代码 4.2 和图 4.2.2 是使用 L1 正则化的代码和模型学习情况图。

代码 4.1：准备数据。

```
library(dplyr)
library(keras)
mnist <- dataset_mnist()
train_images <- mnist$train$x
train_labels <- mnist$train$y
test_images <- mnist$test$x
test_labels <- mnist$test$y


train_images <- array_reshape(train_images, c(60000, 28 * 28))
train_images <- train_images / 255
test_images <- array_reshape(test_images, c(10000, 28 * 28))
test_images <- test_images / 255



val_indices <- 1:1000
val_train_x <- train_images[val_indices,]
partial_train_x <-train_images[-val_indices,]
val_train_y <- train_labels[val_indices]
partial_train_y=train_labels[-val_indices]



network <- keras_model_sequential() %>%
  layer_dense(units=512, activation="relu", input_shape=c(28 * 28)) %>%
  layer_dense(units=10, activation="softmax")
network %>% compile(
  optimizer="rmsprop",
  loss="sparse_categorical_crossentropy",
  metrics=c("accuracy")
)
history <- network %>% fit(
  partial_train_x,
  partial_train_y,
  epochs=10,
  batch_size=512,
  validation_data=list(val_train_x,val_train_y))
results <- network %>% evaluate(test_images, test_labels)
```

```
results
```

```
## $loss
## [1] 0.06634106
##
## $acc
## [1] 0.9791
```

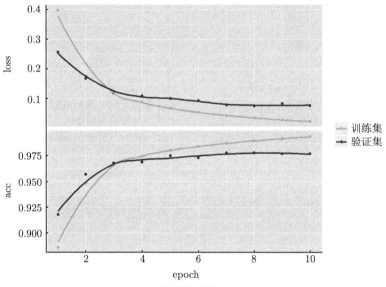

图 4.2.1　模型学习情况（对照组）

```
plot(history)
```

代码 4.2：L1 正则化的 R 语言实现。

```
rm(network)
gc() #释放不需要的内存
```

```
##              used   (Mb) gc trigger    (Mb)  max used    (Mb)
## Ncells    1882479  100.6    3686337   196.9   2608907   139.4
## Vcells  132738175 1012.8  218288782  1665.5 141097227  1076.5
```

```
network <- keras_model_sequential() %>%
  layer_dense(units=512, kernel_regularizer=regularizer_l1(0.01),
      #添加 L1 正则化
          activation="relu", input_shape=c(28 * 28)) %>%
```

```
  layer_dense(units=10, activation="softmax")
network %>% compile(
  optimizer="rmsprop",
  loss="sparse_categorical_crossentropy",
  metrics=c("accuracy")
)
history <- network %>% fit(
  partial_train_x,
  partial_train_y,
  epochs=10,
  batch_size=512,
  validation_data=list(val_train_x,val_train_y))
results <- network %>% evaluate(test_images, test_labels)
results
```

```
## $loss
## [1] 3.035543
##
## $acc
## [1] 0.8236
```

```
plot(history)
```

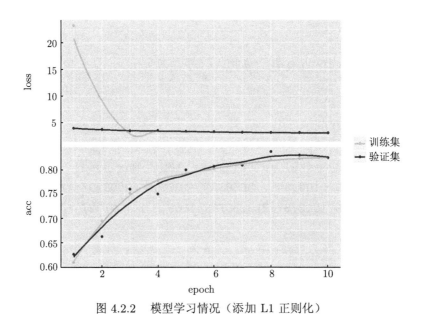

图 4.2.2　模型学习情况（添加 L1 正则化）

2. L2 正则化

L2 范数也称为岭回归（ridge regression），它的约束项函数由权重系数平方和的形式表示，除了这一点与 L1 范数不同之外，在许多方面都和 L1 范数很相似。对于均方误差损失函数的情形，令 p 表示权重参数个数，增加 L2 正则化的损失函数的表达式如下：

$$L_2'(\theta) = \frac{1}{n} \sum_{i=1}^{n} (y_i - f(x_i, \theta))^2 + \lambda \sum_{j=1}^{p} \theta_j^2$$

由于约束项是基于权重系数的平方和，这样它就具有了提供不同约束的效果，即更大的（正或者负）权重会受到更大的约束。在神经网络的背景下，这种情况也被称为权重衰减（weight decay）。如果正则损失函数的梯度上存在一个惩罚，权重每更新一次就会增加一个惩罚。

下面我们同样以前面使用的数据集为例，展示了使用 L2 正则化的模型在验证集上预测的准确率，其中代码 4.3 和图 4.2.3 是使用 L2 正则化的代码和模型学习情况图。

代码 4.3：L2 范数的 R 语言实现。

```
rm(network)
gc()
```

```
##              used     (Mb) gc trigger    (Mb)  max used    (Mb)
## Ncells    1882651    100.6    3686337   196.9   3686337   196.9
## Vcells  132738587   1012.8  218288782  1665.5 141097227  1076.5
```

```
network <- keras_model_sequential() %>%
  layer_dense(units=512, kernel_regularizer=regularizer_l2(0.01),
    #添加 L2 正则化
              activation="relu", input_shape=c(28 * 28)) %>%
  layer_dense(units=10, activation="softmax")
network %>% compile(
  optimizer="rmsprop",
  loss="sparse_categorical_crossentropy",
  metrics=c("accuracy")
)
history <- network %>% fit(
  partial_train_x,
  partial_train_y,
  epochs =10,
  batch_size=512,
  validation_data=list(val_train_x,val_train_y))
```

```
results <- network %>% evaluate(test_images, test_labels)
results

## $loss
## [1] 0.3552993
##
## $acc
## [1] 0.9339


plot(history)
```

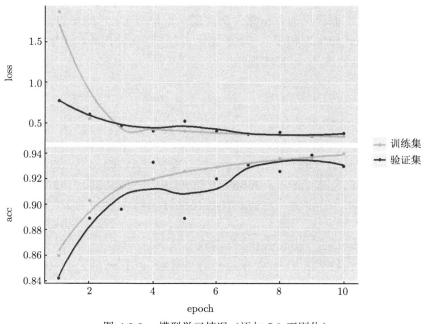

图 4.2.3   模型学习情况（添加 L2 正则化）

3. L1 正则化和 L2 正则化的可视化解释

在前面的介绍下，我们了解到正则化策略是通过让表示预测能力的原始损失函数和表示模型复杂度的惩罚项 $\lambda J(\theta)$ 同时达到最小来降低模型的复杂度的，从而缓解过拟合问题。那么现在我们就看看在添加了 L1 正则化和 L2 正则化之后，损失函数求最优解的过程会发生怎样的变化。还是以我们前面介绍的均方误差为例，假设 X 为一个二维样本，那么需要求解的参数集 θ 也是二维的，即 $\theta = \{w_1, w_2\}$，下面展示的就是二元情况下加入 L1 和 L2 正则化的参数估计结果。

注：图 4.2.4 中的一个又一个圆环表示原损失函数参数集的解空间，任意一个圆环上的点 (w_1, w_2) 对应的损失函数值是相等的（可以将每个圆环看作一条损失等值线）。其中图 4.2.4(a) 中的菱形表示的是 L1 范数，当菱形越大时，L1 范数的值 $|w_1| + |w_2|$ 也

越大，图 4.2.4(b) 中的圆形表示的是 L2 范数，随着圆的半径越大，L2 范数的值 $w_1^2 + w_2^2$ 也越大。

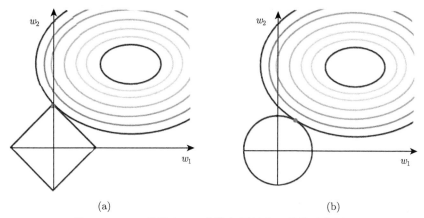

(a)   (b)

图 4.2.4　L1 范数和 L2 范数与原损失函数的寻优图示

从图 4.2.4 中我们可以得出以下结论。

（1）在不添加 L1 和 L2 正则化时，对于均方误差这种损失函数（凸函数）来讲，最优解最终会落在最中心的小圆环上。

（2）当加入 L1 正则化的时候，我们的目标就不仅仅是原损失函数值要小（越来越接近中心的圈圈），还要使范数值小（菱形越小越好）。现在看来，由于与最中心的小圆环相交的菱形明显很大，因此不再是最优解，那么我们该如何权衡原损失函数值和范数值呢？如何取到一个恰好的值呢？

从图 4.2.5 中我们可以得出以下结论。

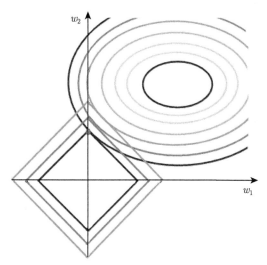

图 4.2.5　L1 范数与原损失函数的寻优图示

（1）以同一条曲线目标等值线来说，曲线上的每个点都可以作一个菱形，现在以最外圈的圆环等值线为例，可以看到，当这个菱形与等值线相切（仅有一个交点）时，这个菱形最小，这是因为相割的菱形对应的 L1 范数更大。

（2）最终加入 L1 范数得到的解，一定是某个菱形和某条原损失函数等值线的切点。现在有个比较重要的结论了，我们经过观察可以看到，很多原损失函数的等值线，和某个菱形相交的时候极其容易相交在坐标轴（图 4.2.5），也就是说最终得到的结果中，参数集 θ 的某些维度极其容易是 0，如图 4.2.5 中取到的最优解，其中的 w_1 为 0，这也就是我们所说的 L1 更容易得到稀疏解（解向量中 0 比较多）的原因。

当加入 L2 正则化的时候，分析过程和 L1 正则化是类似的，也就是说仅仅从菱形变成了圆形而已，同样还是求原损失函数曲线和圆形的切点作为最优解。当然，与 L1 范数比，我们这样求得的 L2 范数，不容易相交在坐标轴上，但是仍然比较靠近坐标轴，因此 L2 范数可以使参数减小（靠近 0），但是比较平滑（不等于 0）。

在实际操作中，进行权重参数正则化还需要注意以下几点。

（1）L2 正则化策略在神经网络模型中更常见，不过在选择 L1 正则化还是 L2 正则化上并没有统一的标准，一种方案是都代入模型进行尝试，然后选择测试误差低的作为"最优"模型。

（2）惩罚系数 λ 是模型的超参数，其取值为 0 表示没有正则化，其取值越大表示正则化惩罚越大。对于 λ 的取值可采用 4.1.3 节中介绍的 K 折交叉验证法确定。

（3）在神经网络模型中，通常只对权重进行惩罚而不对偏置进行正则惩罚，因为即便我们不对偏置进行正则化也不会导致过于严重的过拟合问题。

（4）λ 作为一个常数控制了惩罚或者正则化的程度，甚至我们可以设置不同的 λ 值。虽然这种做法通常不会出现在单层神经网络中，但在深度学习网络中却很有用，尤其是在将正则化的方法运用到不同的层中时。考虑这种有差别的正则化的一种原因是，有时候我们想要允许更多的参数个数（在一个特定的层中包括更多的神经元），但之后通过更强的正则化在某种程度上抵消了这一点。尽管如此，既然这些参数通常是通过交叉验证或其他经验技术优化的，如果允许它们在深度学习网络的每一层都变化，会有相当大的计算上的需求，因为可能的值个数是指数增长的，所以最常见的是在整个模型上使用单个的值。

4.2.3 权重参数正则化的统计学依据

下面从统计学角度简单陈述进行权重参数正则化能够缓解过拟合的原因。传统统计学只用少量参数分析简单模型，并且要求样本容量大于参数个数，在这样的限制下使用较小的数据集进行参数估计是可靠的。但在深层神经网络模型中，权重参数数量级可达到上亿级别，如果仍使用传统的参数估计方法，则对数据的过拟合是无法避免的，神经网络模型只能记住训练数据，而无法在"新数据"上泛化。

但是，使用权重衰减等权重参数正则化的手段能够从两个方面改进参数估计。

（1）能够收敛到更稳定的估计结果。

（2）能够大幅降低模型的方差。

第（2）点尤为重要，可以证明在给定值 x_0 时，测试误差能够分解为三部分，即模型的误差、方差（变化性）和偏差（精确性），如下：

$$E(y_0 - \hat{f}(x_0))^2 = \mathrm{Var}(\hat{f}(x_0)) + (\mathrm{Bias}(\hat{f}(x_0)))^2 + \mathrm{Var}(\varepsilon) \qquad (4.2.3)$$

误差来自随机抽样，在样本数据已获得的情况下不可约，方差和偏差是一对非负矛盾项，增加方差会减少偏差，反之增加偏差会减少方差。因此如果我们能够控制方差和偏差同时小，那么测试误差就会得到降低。权重参数正则化的策略考虑到这个现象，以小幅增加偏差为代价大幅减少方差，总的结果就会使模型的测试误差降低，从而缓解过拟合问题，这就是统计学上常提到的方差与偏差均衡，如图 4.2.6 所示。关于这部分的讨论，更多内容可参考统计学习经典教材《统计学习导论——基于 R 应用》。

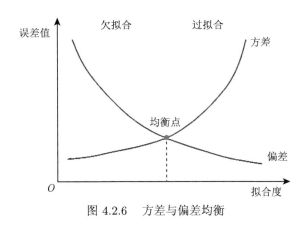

图 4.2.6　方差与偏差均衡

4.3　Dropout

4.3.1　Dropout 基本思路

目前深层的神经网络模型有数百万以上的神经元和数十亿级别的权重参数，仅靠权重参数正则化策略所带来的泛化效果也不一定好，此时就需要考虑使用 Dropout 策略来简化神经网络。从本质上讲，Dropout 也属于正则化的一种，只不过其降低测试误差的手段不是“惩罚”权重系数，而是通过在训练过程中随机“丢弃”神经元来实现。

下面我们来看 Dropout 的具体策略。假设我们尝试训练一个三层神经网络（这里的层数只包括带有权重的层）。

（1）在训练过程中，前向传播时随机选择删除神经元，被删除的神经元不再传递信号；在对应的反向传播时，权重的更新在被删除的神经元处停止。这样我们就得到了一个结构发生变化的、“瘦身”的神经网络，如图 4.3.1 所示。神经网络中被删除神经元的比例 $p\%$ 称为 Dropout 比率（Dropout rate）。

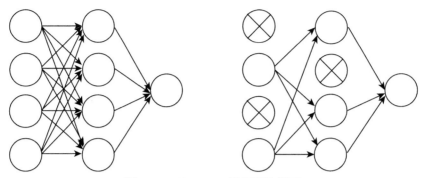

图 4.3.1　Dropout 神经网络模型

（2）删除神经元的操作只在训练过程中进行。在测试时，不进行 Dropout，也就是没有神经元被删除，但神经网络的所有权重需要乘以 Dropout 比率 $p\%$，如图 4.3.2 所示，这是因为测试时有比训练时更多的神经元被激活，因此需要按照上述比例缩放神经元的输出结果。

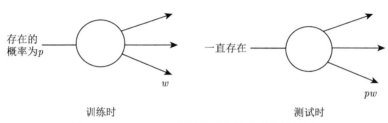

图 4.3.2　Dropout 在训练时和测试时的比较图

对于 Dropout 比率 $p\%$ 的取值，其发明者 Srivastava 等（2014）提到 "可以简单设定为 50%，这似乎对于各种神经网络和任务来说都接近最佳取值"[①]。当然，我们也可以选择 K 折交叉验证的方法来对 Dropout 比率按超参数进行调优。

总体而言，Dropout 正则化在训练时暂时随机删除一半的神经元，从而使得在每次训练时都会得到不同的 "瘦身" 神经网络。这么做的优势主要有以下三点。

（1）使得每次训练时需要训练的权重参数更少，从而降低计算成本。

（2）在训练过程中各个神经元的相互依赖关系更少，或者说独立性得到增强。这样并不会影响模型表达数据的共同特征，反而使模型对只有特定神经元才能表达的样本数据 "噪声" 不敏感，或者说权重更新的稳健性得到增强。从这个层面上看，Dropout 与权重参数正则化类似，都是通过简化模型复杂度获得泛化能力的增强的。

（3）Dropout 之后所训练的神经网络是彼此不同的神经网络。如果我们将这些神经网络的输出取平均，则能够降低模型预测方差，从而缓解过拟合。这一思想可参考集成学习（ensemble learning）方法，我们将在后面进行简要介绍。

下面我们同样以前面使用的数据集为例，展示了使用 Dropout 的模型在验证集上预测的准确率，其中代码 4.4 和图 4.3.3 分别是使用 Dropout 的代码和模型学习情况图。

[①] 也就是说在每个学习周期（epoch），有一半的神经元会被随时暂时从神经网络中剔除。

代码 4.4: 在 R 语言中进行 Dropout 操作。

```
network_dropout <- keras_model_sequential() %>%
  layer_dense(units=512, activation="relu", input_shape=c(28 * 28)) %>%
  layer_dropout(0.2) %>% ##丢失率为 0.2
  layer_dense(units=10, activation="softmax")

network_dropout %>% compile(
  optimizer="rmsprop",
  loss="sparse_categorical_crossentropy",
  metrics=c("accuracy")
)

history_dropout <- network_dropout %>% fit(
  partial_train_x,
  partial_train_y,
  epochs=10,
  batch_size=512,
  validation_data=list(val_train_x,val_train_y))
results <- network %>% evaluate(test_images, test_labels)
results


## $loss
## [1] 0.3552993
##
## $acc
## [1] 0.9339


plot(history_dropout)


tmp <- c()
pred_dense <- round(predict(network, test_images))
for (i in 1: length(pred_dense)) {
  tmp[i] <- which(pred_dense[i, ]==1)
}
table(tmp, test_labels)
```

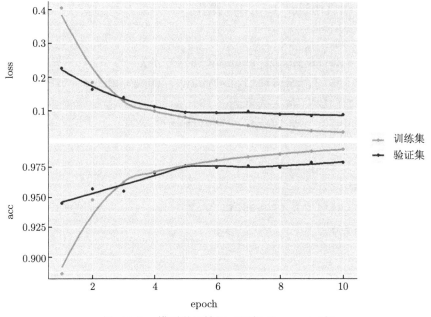

图 4.3.3 模型学习情况（添加 Dropout 后）

4.3.2 集成与模型平均

集成学习是常见的机器学习算法策略，在深度学习出现之前，基于集成学习的随机森林、梯度下降树（gradient boosting decision tree，GBDT）等算法无论在数据科学竞赛中还是在实践应用中都大受欢迎，也取得了不俗的效果。所谓集成学习，可以简单理解为"三个臭皮匠，顶个诸葛亮"，即通过集成多个模型的能力，达到比单一模型更好的效果。可以证明，集成至少与它的任何成员表现得一样好，并且如果成员的误差是独立的，集成将显著地比其成员表现得更好。

集成的手段主要有两种：一是 Bagging，通过降低模型方差来缓解过拟合；二是 Boosting，通过降低模型偏差来提高模型预测能力。

Bagging 方法全称为 bootstrap aggregating，顾名思义，使用了统计学上的 Bootstrap 方法：首先对训练集进行有放回自助抽样，生成与训练集样本规模相同、所含样本不同的若干新训练集，然后在每个新训练集上训练模型（由于新训练集彼此不同，训练得到的模型也各有差异），最后将这些模型的输出结果进行平均，从而得到集成的最后输出，这种策略也称为模型平均（model averaging），如图 4.3.4 所示。由抽样新训练集的差异带来的训练模型差异，能够使模型误差部分独立，降低模型平均之后的方差，从而提高泛化能力，这就是 Bagging 方法的强大之处。

Boosting 方法则与 Bagging 全然不同，其策略是"慢学习"，即在训练集上依次串行训练模型，其中后一个模型在前一个模型的输出结果上进行改进，从而逐渐优化模型的预测能力。

Bagging 和 Boosting 方法都有直接应用在神经网络上的案例，但需要注意的是：通常我们只能集成 5~10 个神经网络，超过这个数量就会迅速变得难以处理。集成方法一

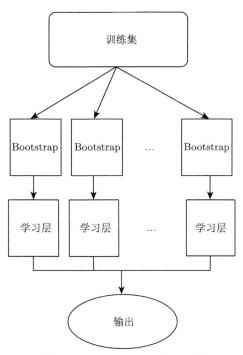

图 4.3.4　Bagging 算法示意图

般以比较简单的模型（如决策树）作为集成对象，而不会采用深度神经网络，即使能够带来泛化能力的提升也很少这么做，这是因为在实践过程中还需要考虑计算时间和计算成本，这些限制往往不允许我们训练和评价集成的深度神经网络。

让我们回到关于 Dropout 的讨论。Dropout 是 Bagging 的一种高度近似，可以证明，对 Dropout 之后彼此不同的神经网络分别在测试集上进行预测，然后进行模型平均得到的输出，近似等于在测试集上完整的神经网络（所有权重乘以 Dropout 比率 $p\%$ 之后）得到的预测输出。因此我们说随机 Dropout 一半神经元就类似于构建彼此不同的神经网络，Dropout 整个过程就相当于对很多个彼此不同的神经网络取平均。相较于 Bagging，Dropout 的优势在于不需要每次训练完整的大型神经网络，在测试时也只需要将权重参数乘以 Dropout 比率即可，这就在很大程度上缓解了计算开销。

在实践中，经常将 Dropout 与权重参数正则化同时使用。例如，Srivastava 等 (2014) 在其论文中以实例表明，Dropout 和 L2 正则化的组合在提升神经网络性能方面取得了同样的成功。

4.4　早停法

早停法（early stopping）是一种经典的深度学习正则化技术。实际上，早停法的思想基础早在 4.1.2 节中已经介绍过：随着模型复杂度的增加，训练误差会持续降低，但测试误差会呈现 U 形，即复杂的"大"模型将面临过拟合问题。在神经网络模型中，我们使用随机梯度下降方法不断对权重参数进行迭代更新，随着训练的迭代次数增加，我们倾向于获得更复杂的神经网络模型。而如果在达到训练误差最小值之前停止训练，则神经网络的复杂度将被限制，过拟合问题也将得到缓解。

早停法的基本思想就是如果我们能够让模型在变复杂之前提前终止算法的迭代，使用终止时的参数而不是最终更新的参数，那么这时我们得到的测试误差很可能低于最终更新参数之后的测试误差。

那么我们如何决定在何时停止算法迭代呢？这就需要借助在 4.1.3 节中介绍的交叉验证法：我们需要在训练集中再分出一部分样本数据作为验证集，当模型在验证集上的误差比上一次训练结果差的时候即停止训练，将上一次训练得到的权重参数作为模型的最终权重参数，如图 4.4.1 所示。

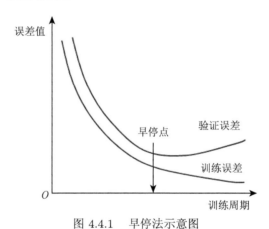

图 4.4.1   早停法示意图

下面我们同样以前面使用的数据集为例，展示了使用早停法的模型在验证集上预测的准确度，其中代码 4.5 和图 4.4.2 分别是使用早停法的代码和模型学习情况图。

代码 4.5：在 R 语言中使用早停法的操作。

```
rm(network)
gc()
network <- keras_model_sequential() %>%
  layer_dense(units=512, activation="relu", input_shape=c(28 * 28)) %>%
  layer_dense(units=10, activation="softmax")
network %>% compile(
  optimizer="rmsprop",
  loss="sparse_categorical_crossentropy",
  metrics=c("accuracy")
)
history <- network %>% fit(
```

```
    partial_train_x,
    partial_train_y,
    epochs=5,  ##停止的位置
    batch_size=512,
    validation_data=list(val_train_x,val_train_y))
results <- network %>% evaluate(test_images, test_labels)
results
```

```
## $loss
## [1] 0.08196154
##
## $acc
## [1] 0.9734
```

```
plot(history)
```

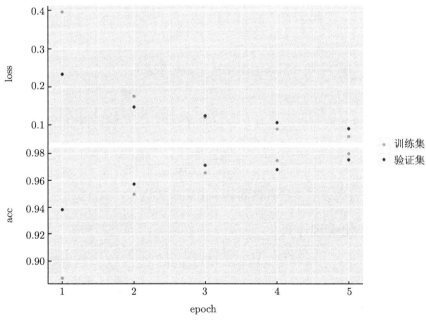

图 4.4.2　模型学习情况（添加早停法）

早停法具有正则化的效果，同时能够减少训练过程的计算开销，因此我们说早停法兼具有效性和简单性，在实践中被广泛使用。

4.5   批标准化

批标准化（batch normalization）是 2015 年提出的新方法。虽然关于它的理论研究还不够充分，但由于其在实践中的优秀表现而被广泛使用。严格来说，批标准化并不是以正则化为目标的技术，但这种方法在缓解过拟合方面有着出乎意料的作用。批标准化的基本思想就是以 mini-batch 为单位对每一层神经网络的输入进行标准化处理。我们在第 2 章已经介绍过 mini-batch 的作用，接下来首先介绍标准化，然后介绍批标准化的原理及其作用。

4.5.1   标准化

标准化（normalization）是统计学中的一个基本概念，也称作归一化、正规化，在机器学习的数据预处理环节中，标准化也是常用的技术之一。标准化的具体做法就是将原始数据进行线性变换，这种线性变换并没有改变数据分布的形状，其作用主要是去量纲化，排除量纲或数量级对数据比较和计算产生的影响。最常用的标准化方法有两个：z-score 标准化和 0-1 标准化。

1. z-score 标准化

z-score 标准化就是将原始数据变换为均值为 0、标准差为 1 的数据，具体方法如下：

$$Z_i = \frac{x_i - \overline{x}}{S} \tag{4.5.1}$$

式中，$\overline{x}$ 表示原始数据的均值；S 表示原始数据的标准差。

2. 0-1 标准化

0-1 标准化就是将数据变换为在 0~1 区间范围内分布，具体方法如下：

$$x_i' = \frac{x_i - x_{\min}}{x_{\max} - x_{\min}} \tag{4.5.2}$$

式中，$x_{\min}$ 和 $x_{\max}$ 分别表示原始数据的最小值和最大值。

4.5.2   批标准化实现原理

批标准化的作用是通过将神经网络输入值以 mini-batch 为单位进行标准化来加速训练过程，具体方法如下。

（1）对 mini-batch 的输入数据求均值和标准差，然后对输入数据进行 z-score 标准化：

$$x_i' = \frac{x_i - \mu_B}{\sqrt{\sigma_B^2 + \epsilon}} \tag{4.5.3}$$

式中，μ_B 表示当前 mini-batch 的均值；σ_B^2 表示当前 mini-batch 的方差；$\epsilon < 0$，为一个很小的常数。

（2）在传给激活函数之前，对经过标准化的数据进行缩放和平移变换：

$$\hat{x}'_i = \gamma x'_i + B \tag{4.5.4}$$

式中，γ 和 B 是超参数，作用是调节神经网络输出的 μ 和 σ。与前面所介绍的超参数类似，γ 和 B 可通过学习过程的进行调整到合适的值。

批标准化示意图如图 4.5.1 所示。

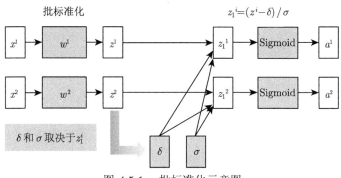

图 4.5.1 批标准化示意图

δ 为 z^i 的均值

批标准化的优点虽然目前还没有足够的理论支持，但在实践中可以证明有以下几点。

（1）缩短了训练时间，同时可以增大学习率。

（2）减少梯度消失和梯度爆炸问题。

（3）使训练过程更少受到权重初始值的影响。

（4）有缓解过拟合的作用，可以减少对正则化技术（尤其是 Dropout）的需求。

可以看到，批标准化的操作是在训练过程中进行的，属于模型优化策略，与前面所介绍的模型泛化策略（正则化技术）有明显区别。不过，经过批标准化的操作后，每个 mini-batch 其中的值会添加一些变换之后的"噪声"，这就类似于 Dropout，Dropout 强大的大部分原因来自施加到神经元上的噪声，这些噪声能够影响神经网络，使其更专注于样本数据的共同特征。因此从这个意义上来说，批标准化也是能够提高模型泛化能力的策略，并且，在实践中有时使用了批标准化之后就不必再使用 Dropout 了。

第5章

卷积神经网络

本章的主题是卷积神经网络，也称为 Convnets，卷积神经网络被用于图像识别、语音识别等各种场合，在图像识别的比赛中，基于深度学习的方法几乎都以卷积神经网络为基础。本章将详细介绍卷积神经网络的结构，并介绍把卷积神经网络应用于图像分类问题，特别是在只有小规模训练数据集的情况下，如何完成模型构建。

本章包括以下内容。

（1）卷积神经网络模型结构。

（2）在小型数据集上训练的二维卷积神经网络模型。

（3）通过预训练模型提高模型性能。

（4）具有代表性的卷积神经网络模型。

5.1 卷积神经网络模型结构

首先，来看一下卷积神经网络的网络结构，了解卷积神经网络的大致框架。卷积神经网络和之前介绍的神经网络一样，可以像积木一样通过组装层来构建。不过，卷积神经网络中新出现了卷积层（convolution 层）和池化层（pooling 层），这里我们就来学习一下如何通过叠加卷积层和池化层构建卷积神经网络。

之前介绍的神经网络中，相邻层的所有神经元之间都有连接，这称为全连接层，也称为密集层。如果使用全连接层，一个 5 层的全连接的神经网络就可以通过图 5.1.1 所示的网络结构来实现，在全连接的神经网络中，密集层后面跟着激活函数 ReLU（或者 Softmax）。

那么，卷积神经网络会是什么样的结构呢？图 5.1.2 给出了卷积神经网络的一个例子。

如图 5.1.2 所示，在卷积神经网络模型中新增了卷积层和池化层。卷积神经网络的层的连接顺序是"卷积-ReLU-池化"（有时池化层会被省略）。这可以理解为全连接层中的"密集-ReLU"连接在卷积神经网络中被替换成了"卷积-ReLU-池化"连接。

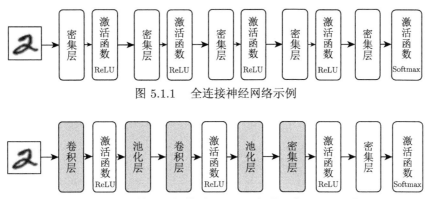

图 5.1.1 全连接神经网络示例

图 5.1.2 卷积神经网络模型的示例：新增了卷积层和池化层

还需要注意的是，在图 5.1.2 的卷积神经网络模型中，靠近卷积层的输出层使用了之前的 "密集-ReLU" 组合，最后的输出层中使用了之前的 "密集-Softmax" 组合，这些都是卷积神经网络中比较常见的结构。

5.1.1 卷积神经网络模型的搭建

接下来，就在 Keras 中尝试搭建一个小型二维卷积神经网络模型[①]，此处主要注意新添加的 Conv2D 层和 MaxPooling2D 层（工作原理在 5.1.2 节详细解释）。

代码 5.1：一个小卷积神经网络的实例。

```
library(keras)
model <- keras_model_sequential() %>%
  layer_conv_2d(filters=32,
                kernel_size=c(3, 3),
                activation="relu",
                input_shape=c(28, 28, 1)) %>%
  layer_max_pooling_2d(pool_size=c(2, 2)) %>%
  layer_conv_2d(filters=64,
                kernel_size=c(3, 3),
                activation="relu") %>%
  layer_max_pooling_2d(pool_size=c(2, 2)) %>%
  layer_conv_2d(filters=64,
                kernel_size=c(3, 3),
                activation="relu")
```

请注意，卷积神经网络主要用于图像数据分析，其输入数据形状为（image_height，image_width，image_channels）的三维张量（不包括翻译优化维度）。例如，本例中我

---

① 因为卷积神经网络模型主要用于处理图形数据，因此二维卷积神经网络更为常见，本章以二维卷积神经网络为例展开介绍，第 7 章将应用一个一维卷积神经网络模型处理文本数据。

们处理的输入数据，就是形状为 (28,28,1) 的张量，这也是 MNIST 图像格式，我们通过传递参数 input_shape=c(28,28,1) 到第一层来完成这个设置。

接下来看一下实现上述配置的网络架构：

```
model

## Model
## Model: "sequential"
## _____
## Layer (type)                     Output Shape              Param #
## ========================================================================
## conv2d (Conv2D)                  (None, 26, 26, 32)        320
## _____
## max_pooling2d (MaxPooling2D)     (None, 13, 13, 32)        0
## _____
## conv2d_1 (Conv2D)                (None, 11, 11, 64)        18496
## _____
## max_pooling2d_1 (MaxPooling2D)   (None, 5, 5, 64)          0
## _____
## conv2d_2 (Conv2D)                (None, 3, 3, 64)          36928
## ========================================================================
## Total params: 55,744
## Trainable params: 55,744
## Non-trainable params: 0
## _____
```

可以看到每个 Conv2D 和 MaxPooling2D 层的输出是由高度、宽度、通道三个维度组成的三维张量。当进入网络深层空间时，宽度和高度的尺寸往往会缩小，通道则由传入 Conv2D 层的第一个参数控制（例如，示例代码中的 32 或 64）。

下一步是将最后一层输出的张量 [形状为 (3, 3, 64)] 输入一个密集层的分类器中，这个分类器层是一个密集层的堆栈。这些分类器要求输入是一维向量，而当前的输出是三维张量。因此，我们必须首先将三维张量展平为一维向量，然后在卷积层上增加几个密集层。

代码 5.2：在卷积神经网络上添加分类器。

```
model <- model %>%
  layer_flatten() %>% #将三维张量转为一维向量
  layer_dense(units=64, activation="relu") %>%
```

```
layer_dense(units=10, activation="softmax")
```

我们进行 10 个类别分类，最后一层使用具有 10 个输出和 Softmax 激活的密集层。以下是配置好的网络结构：

```
model
```

```
## Model
## Model: "sequential"
## _____
## Layer (type)                    Output Shape              Param #
## ==============================================================
## conv2d (Conv2D)                 (None, 26, 26, 32)        320
##
## _____
## max_pooling2d (MaxPooling2D)    (None, 13, 13, 32)        0
##
## _____
## conv2d_1 (Conv2D)               (None, 11, 11, 64)        18496
##
## _____
## max_pooling2d_1 (MaxPooling2D)  (None, 5, 5, 64)          0
##
## _____
## conv2d_2 (Conv2D)               (None, 3, 3, 64)          36928
##
## _____
## flatten (Flatten)               (None, 576)               0
##
## _____
## dense (Dense)                   (None, 64)                36928
##
## _____
## dense_1 (Dense)                 (None, 10)                650
## ==============================================================
## Total params: 93,322
## Trainable params: 93,322
## Non-trainable params: 0
## _____
```

如我们所见，在进入两个密集层之前，卷积层输出的三维张量 [形状为 (3, 3, 64)] 被展平为一维向量 [形状为 (576)]，至此就构建了一个用于对 MNIST 数据集进行分类的卷积神经网络。这是我们在第 3 章使用密集连接的网络执行过的任务（当时得到的预测准确度为 97.94%）。尽管本例中的卷积神经网络很简单，但它的准确度将会比第 3 章中密集连接网络的模型高出一个水平。接下来，就让我们在 MNIST 数据集上训练卷积神经网络。

代码 5.3：在 MNIST 图像上训练卷积神经网络。

```
#构建测试集和训练集
mnist <- dataset_mnist()
c(c(train_images, train_labels), c(test_images, test_labels)) %<-% mnist
train_images <- array_reshape(train_images, c(60000, 28, 28, 1))
train_images <- train_images / 255
test_images <- array_reshape(test_images, c(10000, 28, 28, 1))
test_images <- test_images / 255
train_labels <- to_categorical(train_labels)
test_labels <- to_categorical(test_labels)

###在训练集上训练模型
model %>% compile(
 optimizer="rmsprop",
 loss="categorical_crossentropy",
 metrics=c("accuracy")
)
model %>% fit(
 train_images, train_labels,
 epochs=5, batch_size=64
)
```

我们在测试数据上评估模型：

```
results <- model %>% evaluate(test_images, test_labels)
results


## $loss
## [1] 0.03346752
##
## $acc
## [1] 0.991
```

该简单的卷积神经网络测试准确度为 99.1%，与第 3 章中测试准确度为 97.94% 的密集连接网络相比，卷积神经网络将错误率相对降低了 56.3%，这是个很不错的结果。但是，相比于密集连接，为什么这个简单的卷积神经网络模型反而效果如此之好？要回答这个问题，我们需要深入了解卷积层和池化层是怎样工作的。

5.1.2　卷积层

首先，卷积层与密集层的学习模式不同，密集层在其输入要素空间中是学习全局模式（例如，对于 MNIST 数据集，全局模式就是涉及所有像素的模式）；而卷积层是学习局部模式，见图 5.1.3，例如，对图像数据来说，学到的就是输入图像的二维小窗口中发现的模式。在上面的例子中，这些窗口是 3 像素 ×3 像素的像素矩阵（窗口用于示意形状，为了方便，后面不再添加单位）。

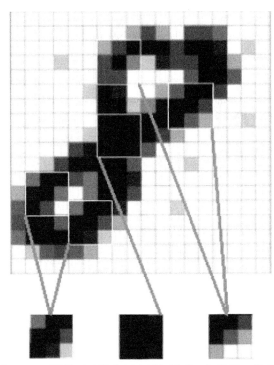

图 5.1.3　图像可以被分解为局部模式，如边缘、纹理等

学习局部模式这个关键特性为卷积神经网络提供了以下两个有益的属性。

（1）卷积神经网络学习到的模式具有平移不变性（translation invariance）。例如，卷积神经网络学习到在图像右下角的某种模式后，就可以在图像的任何地方识别它，例如，左上角。但对于密集连接的网络，如果该模式出现在一个新的位置，就必须重新学习。这使卷积神经网络在处理图像时可以更加高效地利用数据（视觉世界基本结构是不变的），因此卷积神经网络只需要较少的训练样本就可以学习具有泛化能力的表示。

（2）卷积神经网络可以学习模式的空间层次结构（spatial hierarchies of patterns），见图 5.1.4。第一层卷积层学习小的局部模式，如边缘，第二层卷积层将学习更大的、由第一层的特征组成的图案，以此类推。这使卷积神经网络可有效地学习越来越复杂和抽象的视觉概念（这和真实世界中的视觉相一致）。

为什么前面构建的卷积神经网络模型可以得到更高的模型精度？如第 2 章介绍张量时所述，图像数据是三维张量，这个形状中应该含有重要的空间信息（例如，空间上邻近的像素为相似的值、RGB 的各个通道之间分别有密切的关联性、相距较远的像素

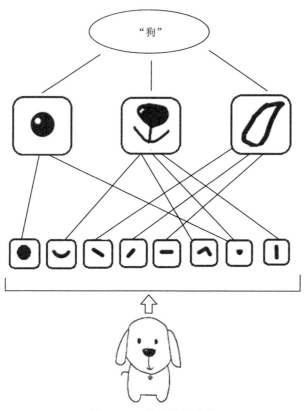

图 5.1.4 学习局部模式

视觉世界形成了视觉模块的空间层次结构：局部的边缘组合成局部的对象，如眼睛或耳朵，这些局部对象又组合成高级概念，如 "狗"

之间没有什么关联等）。空间信息中可能隐藏着值得提取的重要信息。但是，由于全连接层会忽视形状，将全部的输入数据作为相同的神经元（同一维度的神经元）处理，所以 "忽略了" 与形状相关的信息，而卷积层则有效地利用了全连接层 "忽视" 的空间关系。在前面使用的 MNIST 数据集的例子中，卷积神经网络是以 (28, 28, 1) 的形状输入图像，但在第 3 章构建的全连接层模型中，数据却被排成 1 列输入最开始的密集层中。这就是本章前面构建的卷积神经网络模型得到更高精度的原因。

卷积神经网络常常用来处理包含两个空间轴（高度和宽度）和一个深度轴（也称通道）的三维张量，卷积层输出的卷积结果也称为特征映射。对于 RGB 图像，深度轴的数量为 3，因为图像有 3 个颜色通道，分别是红色、绿色和蓝色。对于黑白图片，如 MNIST 数据集，深度为 1（灰色等级）。卷积操作就是从其输入要素图中提取图块，并将这种转换应用于所有的图块（本例中提取出的图块是 3×3 的像素矩阵），从而生成特征映射图。此处输出的要素图仍然是三维张量，它的宽度和高度由输入图形的高度和宽度，以及过滤器的高度和宽度决定，但深度可以是任意的，因为输出深度是该卷积层的参数，而且该深度轴中不同的通道不再像 RGB 输入那样代表特定的颜色；此时它们代表着过滤器对输入数据特定图形特征的提取。例如，对于较高级别的过滤器，单个过滤器可以识别"输入中包含一张脸"的概念。

在 MNIST 示例中,第一个卷积层接收的输入数据是形状为 (28, 28, 1) 的张量,输出的是形状为 (26, 26, 32) 的特征映射。该特征映射根据输入数据计算了 32 个过滤器,这 32 个输出通道中的每一个通道都包含一个 26 × 26 的矩阵。过滤器对于输入的响应映射(response map)指的是该过滤器模式对于输入图形不同位置的响应,见图 5.1.5。特征映射的含义是特征映射深度轴中的每个维度都是一个特征(或过滤器),二维矢量的输出 $[:,:,n]$ 是此过滤器对输入的二维映射结果响应。

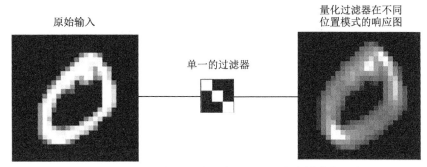

图 5.1.5 响应图的概念:输入中不同位置存在模式的二维图

由此可见,卷积层由以下两个关键参数定义。

(1)从输入中提取图块(也称滤波器)的大小:这些图块通常是 3 × 3 或 5 × 5 的,本例选取 3 × 3。

(2)输出特征映射的深度:用于卷积计算的过滤器数量。该示例中第一层深度为 32,最后一层深度为 64。

对于 Keras 中的 Conv2D 函数,这些参数通过前几个参数(output_depth,c(window_height,window_width))传递给图层。对于三维输入特征映射,卷积的工作原理如下所述。

3 × 3 或 5 × 5 的窗口通过在输入矩阵上滑动,在每个可能的位置停下来提取三维的特征图块(window_height,window_width,input_depth)。然后将每个三维图块与过滤器(通常与图块具有相同的维度)做张量积。得到一维张量,将这些张量在空间上重新组装成三维形式的输出特征映射(window_height,window_width,input_depth),并且输出特征映射中每个空间位置对应输入特征映射中的相同位置(例如,输出的右下角包含着关于输入右下角的信息)。例如,对于 3 × 3 的窗口,矢量 $output[i,j]$ 来自三维图块 $input[i-1:i+1, j-1:j+1]$,整个过程详见图 5.1.6。

请注意,输出宽度和高度可能与输入宽度和高度不同。造成这种不同的原因可能有以下两个。

(1)边界选取的影响(可以通过填充输入特征映射来抵消)。

(2)步幅选取的影响。

对于边界效应、填充以及步幅的相关知识,在 5.1.3 节的最后为大家介绍。

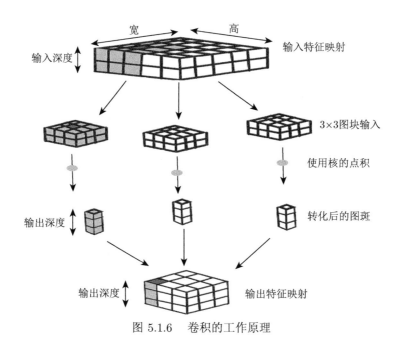

图 5.1.6 卷积的工作原理

5.1.3 卷积运算

1. 二维卷积运算

卷积层依据窗口大小对观测到的图块进行卷积运算，下面通过一个具体的例子，即图 5.1.7 来介绍卷积运算。

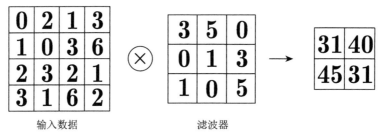

图 5.1.7 卷积运算的例子：用"$\otimes$"符号表示卷积运算

如图 5.1.7 所示，卷积运算对输入数据应用滤波器。在这个例子中，输入数据是有宽度和高度方向形状的数据，滤波器也一样，有宽度和高度两个维度。假设用（height, width）表示数据和滤波器的形状，则在本例中，输入形状为 (4, 4)，滤波器形状为 (3, 3)，输出形状为 (2, 2)。现在来解释一下图 5.1.7 的卷积运算的例子中都进行了什么样的计算。图 5.1.8 中展示了卷积运算的计算顺序。

对于输入数据，以一定间隔滑动滤波器的窗口并执行卷积运算。这里所说的窗口是指图 5.1.8 中灰色的 3×3 的图块。如图 5.1.8 所示，将各个位置上滤波器的元素和输入的对应元素相乘，然后再求和（有时将这个计算称为乘积累加运算），将得到的这个结果保存到输出的对应位置。将这个过程在所有位置都进行一遍，就可以得到卷积运算的输出。

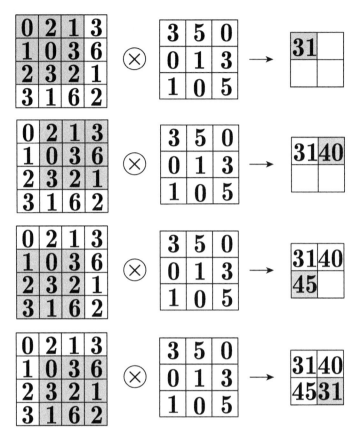

图 5.1.8　对二维数据进行卷积运算的计算顺序

在全连接的神经网络中，除了权重参数，还包括偏置参数；在卷积神经网络中，滤波器的参数对应之前的权重参数，同时，卷积神经网络中也存在偏置参数。图 5.1.8 展示了卷积运算包括乘积累加和添加偏置运算在内的全部计算。图 5.1.9 中为应用了滤波器的数据加上了偏置。偏置通常只有 1 个 1×1（本例中，相对于滤波器计算得到的 4 个数据，只使用一个偏置），偏置的值会被加到滤波器计算得到的所有元素上。

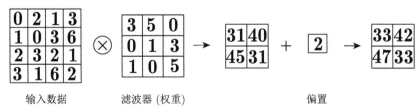

输入数据　　　　　滤波器 (权重)　　　　　　　　偏置

图 5.1.9　卷积运算的偏置：为应用了滤波器的元素加上某个固定值（截距）

2. 三维数据的卷积运算

前面的卷积运算的例子都是以宽度和高度方向上的二维张量为对象的。但是，图像是三维数据,除了宽度和高度两个维度之外,还需要处理通道维度。这里,我们按照与之前相同的顺序,看一下对加上了通道方向的三维数据进行卷积运算的例子。图 5.1.10 是卷积运算的例子,图 5.1.11 是相应的计算顺序。这里以 3 通道的数据为例,展示了

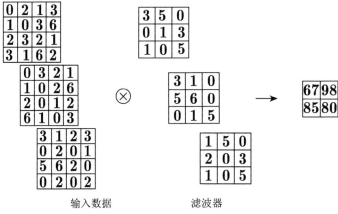

图 5.1.10 对三维数据进行卷积运算的例子

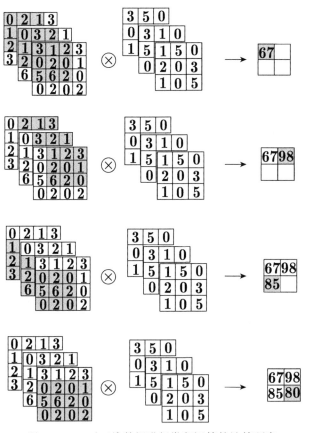

图 5.1.11 对三维数据进行卷积运算的计算顺序

卷积运算的结果。与二维数据时（图 5.1.7 的例子）相比，我们可以发现，在纵深方向（通道方向）上特征映射增加了。当通道方向上存在多个特征映射时，会按通道进行输入数据和滤波器的卷积运算，并将得到的结果相加，从而得到输出。

需要注意的是，在三维数据的卷积运算中，输入数据和滤波器的通道数要设为相同的值。在这个例子中，输入数据和滤波器的通道数一致，均为 3。滤波器大小可以设定为任意值（不过，每个通道的滤波器大小要全部相同）。这个例子中滤波器大小为 (3, 3)，但也可以设定为 (2, 2)、(5, 5) 等值。

3. 基于三维数据卷积运算的图形解释

如果将数据和滤波器分别看作一个长方体，三维数据的卷积运算会很容易理解。方块是如图 5.1.12 所示的三维长方体。把三维数据表示为多维数组时，书写顺序为（height，width，channel）。例如，高度为 H、宽度为 W、通道数为 C 的数据的形状可以写成 (H, W, C)。滤波器也一样，要按（height，width，channel）的顺序书写。例如，滤波器高度为 FH（filter height）、宽度为 FW（filter width），通道数为 C 时，可以写成 (FH，FW，C)。

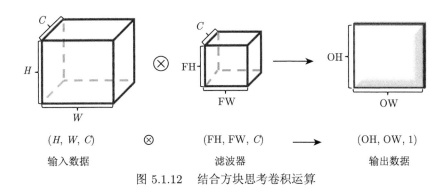

| (H, W, C) | $\otimes$ | (FH, FW, C) | | (OH, OW, 1) |

输入数据　　　　　　　　　　　　滤波器　　　　　　　　　　　　输出数据

图 5.1.12　结合方块思考卷积运算

在这个例子中，数据输出的是通道数为 1 的特征映射。那么，如果要在通道方向上也拥有多个卷积运算的输出，该怎么做呢？为此，就需要用到多个滤波器（权重），如图 5.1.13 所示。

图 5.1.13 中，通过应用 FN 个滤波器，输出的特征映射也生成了 FN 个。如果将这 FN 个特征映射汇集在一起，就得到了形状为（FN，OH，OW）的方块。将这个方块传给下一层，就是卷积神经网络的处理流。如图 5.1.13 所示，对于卷积运算的滤波器，也必须考虑滤波器的数量。因此，对于四维数据，滤波器的权重数据要按（output_channel，input_channel，height，width）的顺序书写。例如，通道数为 3、大小为 5×5 的滤波器有 20 个时，可以写成 (20, 3, 5, 5)。

同样，该卷积运算中依然存在偏置。在图 5.1.13 的例子中，如果进一步追加偏置的加法运算处理，则结果如图 5.1.14 所示，每个通道只有一个偏置，偏置的形状是 (FN,1,1)，滤波器的输出结果的形状是（FN，OH，OW）。这两个方块相加时，要对滤波器的输出结果 (FN,OH,OW) 按通道加上相同的偏置值。

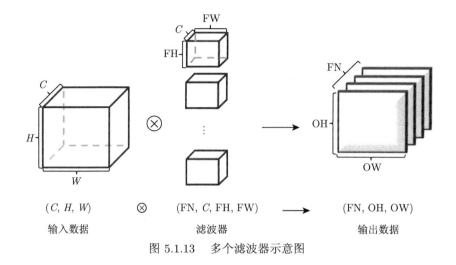

图 5.1.13　多个滤波器示意图

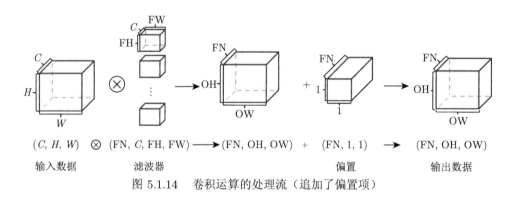

图 5.1.14　卷积运算的处理流（追加了偏置项）

1）边界效应和填充

如果我们有一个 $n \times n$ 的特征映射，用 $f \times f$ 的窗口（滤波器）做卷积，最后会输出一个 $(n-f+1) \times (n-f+1)$ 的特征映射。即每次做卷积操作，图像就会缩小，如果想获得与输入特征映射有相同空间维度的输出特征映射，就可以使用填充（padding）。如上面所说，一个 5×5 的特征映射（总共 25 个图块），只有 9 个图块围绕在作为中心的 3×3 窗口，形成一个 3×3 的网格，如图 5.1.15 所示。最后会得到的输出特征映射是 3×3，此时，如果注意到角落边缘的像素，就会发现这个像素点只被一个输出所触碰或使用，因为它位于这个 3×3 区域的一角。但如果是中间的像素点，就会有许多 3×3 的区域与之重叠。所以那些在角落或者边缘区域的像素点在输出中采用较少，这意味着会丢掉图像边缘位置的许多信息。因此在进行卷积层的处理之前，有时要向输入数据的周围填入固定的数据（如 0 等），这称为填充，是指在输入高和宽的两侧填充元素，就是填充周围元素，调整输出大小，保证图像大小稳定，为了使每次卷积操作后大小不会丢失，常使用 0 填充在原始图像的外围。在这个示例中，每个维度的边缘上恰好缩小了两个方块。在前面的示例中也可以看到类似的边界效应，例如，从一个 28×28 的输入开始，在经过第一个卷积层之后，输出形式就会变为 26×26。

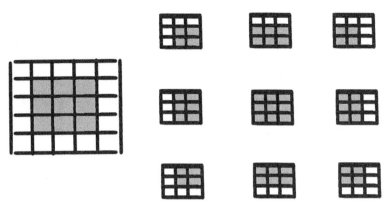

图 5.1.15　5×5 输入特征映射中 3×3 滤波器的有效位置

假设 p 作为填充在输入特征映射外围的滤波器大小，则经过卷积操作后的特征映射的大小为 $(n+2p-f+1)\times(n+2p-f+1)$，如果需要使经过卷积后的特征映射的大小保持不变，则填充大小需要满足公式 $n+2p-f+1=n$，即 $p=(f-1)/2$，所以只要 f 即过滤器的边长是奇数，就能保证输出的特征映射大小与输入的特征映射的大小相等。且为了保证每个输入图块都能作为卷积窗口的中心，应该在输入特征映射的两侧填充元素。因此，对于 3×3 的窗口，有 $p=(3-1)/2=1$，因此需要添加一列在左边，一列在右边，一行在顶部，一行在底部。而对于一个 5×5 的窗口，有 $p=(5-1)/2=2$，因此需要添加两行、两列，见图 5.1.16。

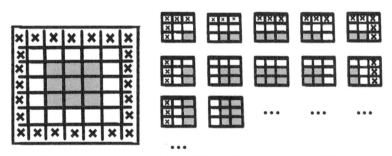

图 5.1.16　填充 5×5 输入以便能够提取 25 个 3×3 的滤波器

在 Conv2D 图层中，填充可以通过 padding 参数进行配置，padding 取两个值。

（1）valid 表示没有填充（只使用有效的窗口位置）。

（2）same 意味着"以输出具有与输入相同的宽度和高度的方式填充"；padding 默认参数为 valid。

2）卷积步幅

在前面的介绍中，我们了解到卷积窗口从输入特征映射的左上方开始，按从左向右、从上向下的顺序，依次在输入数组上滑动。而我们将窗口每次滑动的行数和列数称为步幅（stride），即应用滤波器的位置间隔称为步幅。

由此可见，步幅是另一个影响输出尺寸的因素。到目前为止介绍的卷积操作，都是假设卷积窗口的中心区块是连续的。两个连续窗口之间的距离作为卷积层的一个参数，称为步幅，默认为 1，也可以使用步进（strided convolution），即步幅大于 1 的卷积。在图 5.1.17 中，可以看到用步幅为 2 的 3×3 卷积窗口从 5×5 的输入中提取图块（无填充）的过程。

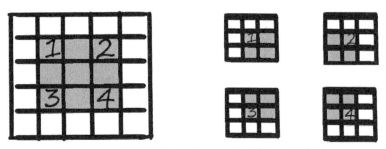

图 5.1.17　使用步幅为 2 的 3×3 卷积窗口提取图块

使用步幅为 2 意味着特征映射的宽度和高度被做了（除了由边界效应引起的差异外）1/2 采样。虽然卷积步幅在某些类型的模型中可以派上用场，在实践中很少使用，但熟悉这个概念是有益的。

对于填充和步幅，增大填充后，输出会变大；而增大步幅后，输出就会变小。下面将这样的关系写成算式来计算输出的大小。这里，假设输入大小为 (H, W)，滤波器大小为 (FH, FW)，输出大小为 (OH, OW)，填充为 P，步幅为 S。此时，输出大小可通过以下公式进行计算：

$$OH = \frac{H + 2P - FH}{S} + 1$$

$$OW = \frac{W + 2P - FW}{S} + 1$$

若想对特征映射降低采样，一般并不推荐使用步幅的方法，而是倾向于另一种操作，即最大池化。接下来，我们来深入研究这种运算。

5.1.4　最大池化操作

在代码 5.1 的示例中，读者可能已经注意到，特征映射的每个维度在每一次 MaxPooling2D 之后大小减半。例如，在第一个 MaxPooling2D 之前，特征图尺寸是 26×26，但是在 MaxPooling2D 后，其减半至 13×13。这就是最大池化的作用：实现特征选择，就像卷积层中使用的步幅一样。

最大池化包括从输入特征映射中提取窗口和输出每个通道的最大值。它在概念上与卷积类似，在卷积操作中是将局部图块通过线性变换（卷积内核）得到转换结果；而池化是通过硬编码取极大值的张量运算（变换）进行转换从而得到转换结果。最大池化与卷积的区别在于最大池化通常使用 2×2 的窗口且步幅为 2，以便将特征映射 2 倍采样。而卷积通常用 3×3 的窗口完成，没有步幅（步幅为 1）。

为什么特征映射采用这种方式来降低采样？为什么不删除最大池图层直接保持较大的特征映射呢？让我们来看个例子，下面这个模型的卷积基数如下所示：

```
model_no_max_pool <- keras_model_sequential() %>%
  layer_conv_2d(filters=32, kernel_size=c(3, 3), activation="relu",
      input_shape=c(28, 28, 1)) %>%
  layer_conv_2d(filters=64, kernel_size=c(3, 3), activation="relu") %>%
  layer_conv_2d(filters=64, kernel_size=c(3, 3), activation="relu")
```

这是模型的总结:

```
model_no_max_pool
```

```
## Model
## Model: "sequential_1"
## _____
## Layer (type)                  Output Shape              Param #
## ====================================================================
## conv2d_3 (Conv2D)             (None, 26, 26, 32)         320
## 
## _____
## conv2d_4 (Conv2D)             (None, 24, 24, 64)         18496
## 
## _____
## conv2d_5 (Conv2D)             (None, 22, 22, 64)         36928
## 
## ====================================================================
## Total params: 55,744
## Trainable params: 55,744
## Non-trainable params: 0
## _____
```

这个设置主要存在两个问题。

（1）它不利于学习空间层次结构特征。第三个卷积层的 3×3 窗口仅包含来自初始输入 7×7 窗口中的信息，这相对于初始输入仍然显得很小。卷积神经网络的高层网络应该学到高级模式，但此卷积神经网络甚至无法学习到对数字进行分类这种有价值的模式。网络最后一个卷积层得到的样本特征应该包含输入样本的整体信息，而不是局部信息。

（2）最后一层对应的每个样本输出的特征映射具有 $22 \times 22 \times 64 = 30\,976$ 个参数，这个数量是非常大的。如果将其展平并在上面添加一层大小为 512 的密集层，那么该层就会拥有 1580 万个参数。在只有少量数据的情况下，这个模型明显太大了，将会造成严重的过拟合。

简而言之，降低采样是为了减少特征映射需要处理的参数，以及通过让连续卷积层的观察窗口越来越大的方法（就它们所涵盖的原始输入比例而言）来构建特征映射的层次结构。

请注意,最大池化并不是实现此类降低采样的唯一方法。正如我们所提的,也可以在卷积层中设置步幅参数。此外,可以对本地输入图块上每个通道取平均值,即平均池化而不是最大池化。但最大池化往往比其他的解决方案更好。这是因为特征映射是用于编码某些模式或概念在不同位置是否存在(因此得名特征映射),因此查看不同特征时,最大值比平均值能得到更多的有用信息。所以,最合理的子采样策略是首先生成密集的特征映射(通过未经处理的卷积),然后计算每个小图块上对应特征映射的函数值,最后选择最大的函数值作为该特征映射的代表。

此时,读者应该已经了解了卷积神经网络的基础知识,包括特征映射、卷积和最大池化。也应该知道如何构建一个简单的卷积神经网络来解决一个容易的问题,如 MNIST 数字分类。接下来我们将进入更加实用的实际应用。

5.2   在小型数据集上训练的二维卷积神经网络模型

本节我们来看一个实际的例子,将重点放在将图像分类为狗或猫的数据集中,该数据集包含 4000 张猫、狗图片(2000 张猫图片,2000 张狗图片)。我们将使用 2000 张图片进行训练,1000 张用于验证,1000 张用于测试。

本节将介绍一个解决问题的基本策略:当拥有的数据量较小时,从头开始训练一个新模型。首先,在 2000 个训练样本上训练一个小的模型,不使用任何正则化,为模型性能评价设定基准线。由此得到的分类模型的准确率为 71%,该模型遇到的主要问题是过拟合。其次,本节将介绍一种数据增强功能,用来减轻计算机视觉建模过程中的过拟合。通过使用这种数据增强功能,得到的卷积神经网络的准确率可以提高到 82%。

5.2.1   小规模数据背景下的深度学习

有时会听到这样一句话,深度学习仅在有大量可用数据时才有效。这句话中正确的部分是:深度学习的一个基本特征是它可以自己在训练数据中找到有趣的特征,而不需要手动特征工程干预,但这只有在有大量训练样本可用时才能实现。对于高维样本(如图像)的问题尤其如此。

但是对于初学者来说,大量样本容量这种要求是相对的,这与尝试训练的网络大小和深度相关。仅用几十个样本训练一个卷积神经网络来解决一个复杂的问题是不可能的,但如果模型很小且比较规范,并且任务也很简单,那么几百个样本就足够了。因为卷积神经网络是局部的学习,具有平移不变的特征,因此它们在感知问题上能够高效利用数据。在一个非常小的图像数据集上,从头开始训练一个卷积神经网络,最后依然能产生合理的结果。尽管数据相对缺乏,但也无须任何自定义特征工程。下面的实例中将会体现这一点。

更重要的是,深度学习模型在本质上是高度可再利用的。例如,在大规模数据集上训练的图像分类或语音到文本的转换模型,只需进行轻微的更改,就可以用于不同的问题。具体而言,在计算机视觉下,许多预训练模型(通常在 ImageNet 数据集上训练)

现在可公开下载，即使在数据非常少的情况下，也可用来建立强大的视觉模型，这将在 5.3 节讨论。这里我们先从下载数据开始。

5.2.2 下载数据

Keras 包中并不包括 Dogs vs. Cats 数据集。Dogs vs. Cats 是由 Kaggle 在 2013 年底作为计算机视觉竞赛的一部分提供的，当时卷积神经网络还不是主流。读者可以从 www.kaggle.com/c/dogs-vs-cats/data 下载原始数据集（如果还没有下载这个数据集，需要创建一个 Kaggle 账户——不用担心，这个过程很简单）。

图片是中等分辨率的彩色联合图像专家小组，是第一个国际图像压缩标准（joint photographic experts group，JPEG）文件，图 5.2.1 显示了一些示例。

图 5.2.1　来自 Dogs vs. Cats 数据集的样本（尺寸未被修改；样本的尺寸、外观等是异质的）

不出所料，在 2013 年的猫与狗分类的 Kaggle 比赛中，一个使用了卷积神经网络的参赛者最终获得胜利，该卷积神经网络的最佳预测准确度达到了 95%。在这个例子中，即使使用不到参赛选手所用数据量的 10% 的样本来训练模型，得到的结果也会非常接近这个准确度（见 5.2.3 节）。

该数据集包含 25 000 张狗和猫的图像（每类 12 500 张），文件大小为 543MB（已压缩）。下载并解压后，将创建一个包含三个子集的新数据集：一个是每个类都包含 1000 个样本的训练集；另一个是每个类都包含 500 个样本的验证集；最后一个是每个类都包含 500 个样本的测试集。

以下是执行此操作的代码。

代码 5.4：将图像复制到训练、验证和测试目录。

```r
original_dataset_dir <- "C:/data/cnn/cat&dag"##设置文件读取位置

base_dir <- "C:/data/cnn/cat&dag/cats_and_dogs_small"
    #设置小规模样本存储位置

dir.create(base_dir)#建立文件夹

train_dir <- file.path(base_dir, "train")##设置训练集存储位置
dir.create(train_dir)#建立训练集文件夹
validation_dir <- file.path(base_dir, "validation")
dir.create(validation_dir)
test_dir <- file.path(base_dir, "test")
dir.create(test_dir)

train_cats_dir <- file.path(train_dir, "cats")
dir.create(train_cats_dir)

train_dogs_dir <- file.path(train_dir, "dogs")
dir.create(train_dogs_dir)

validation_cats_dir <- file.path(validation_dir, "cats")
dir.create(validation_cats_dir)

validation_dogs_dir <- file.path(validation_dir, "dogs")
dir.create(validation_dogs_dir)

test_cats_dir <- file.path(test_dir, "cats")
dir.create(test_cats_dir)

test_dogs_dir <- file.path(test_dir, "dogs")
dir.create(test_dogs_dir)

fnames <- paste0("cat.", 1:1000, ".jpg")
file.copy(file.path(original_dataset_dir, "/train",fnames),
 file.path(train_cats_dir))

fnames <- paste0("cat.", 1001:1500, ".jpg")
file.copy(file.path(original_dataset_dir, "/train",fnames),
```

```
file.path(validation_cats_dir))

fnames <- paste0("cat.", 1501:2000, ".jpg")
file.copy(file.path(original_dataset_dir,"/train", fnames),
 file.path(test_cats_dir))

fnames <- paste0("dog.", 1:1000, ".jpg")
file.copy(file.path(original_dataset_dir, "/train",fnames),
 file.path(train_dogs_dir))

fnames <- paste0("dog.", 1001:1500, ".jpg")
file.copy(file.path(original_dataset_dir, "/train",fnames),
 file.path(validation_dogs_dir))

fnames <- paste0("dog.", 1501:2000, ".jpg")
file.copy(file.path(original_dataset_dir, "/train",fnames),
 file.path(test_dogs_dir))
```

　　这个数据集的排序是随机的，所以样本分组时没有使用抽样函数，而是直接选取前 1000 个样本构成训练集，选取第 1001 到第 1500 个样本作为验证集，选取第 1501 到第 2000 个样本作为测试集，如果感兴趣，也可以改为随机分组。作为一个完整性检查，让我们计算每个数据子集中的图片数量（训练/验证/测试）：

```
cat("total training cat images:", length(list.files(train_cats_dir)),
    "\n")

## total training cat images: 1000

cat("total training dog images:", length(list.files(train_dogs_dir)),
    "\n")

## total training dog images: 1000

cat("total validation cat images:", length(list.files(validation_cats
    _dir)), "\n")

## total validation cat images: 500
```

```
cat("total validation dog images:", length(list.files(validation_dogs
    _dir)), "\n")

## total validation dog images: 500

cat("total test cat images:", length(list.files(test_cats_dir)), "\n")

## total test cat images: 500

cat("total test dog images:", length(list.files(test_dogs_dir)), "\n")

## total test dog images: 500
```

代码运行结果显示，我们拥有 2000 张训练图像、1000 张验证图像和 1000 张测试图像。每个分组包含来自每个类的相同数量的样本，这是平衡二元分类问题，这意味着分类准确性将是对模型成功的合适度量。

5.2.3　建立网络

在前面的示例中已经基于 MNIST 数据集构建了一维卷积神经网络，现在读者也应该对卷积神经网络有一些了解了。卷积神经网络的通用结构就是将多层的 Conv2D（使用 ReLU 激活）和 MaxPooling2D 层交替堆叠而成。

因为我们正在处理更大规模的图像和更加复杂的问题，所以需要更大的网络。具体而言，需要增加一个 Conv2D+MaxPooling2D 的组合。这样一来既可以增大网络的容量，又可以进一步减小特征映射的数量，使它们在到达 layer_flatten 时不会过大。因此，我们要构建的是二维卷积神经网络模型。在这里，因为是从 150×150 大小的输入开始，那么最终就会在 layer_flatten 之前得到大小为 7×7 的特征映射。

因为该问题属于二分类问题，所以要使用单个单元密集层（输出为 1 的 layer_dense）和 Sigmoid 激活函数来结束网络。该单元将对某个类别的概率进行预测。

代码 5.5：为猫与狗分类的实例——一个小的卷积神经网络。

```
library(keras)
model <- keras_model_sequential() %>%
  layer_conv_2d(filters=32, kernel_size=c(3, 3), activation="relu",
  input_shape=c(150, 150, 3)) %>%
  layer_max_pooling_2d(pool_size=c(2, 2)) %>%
  layer_conv_2d(filters=64, kernel_size=c(3, 3), activation="relu") %>%
  layer_max_pooling_2d(pool_size=c(2, 2)) %>%
  layer_conv_2d(filters=128, kernel_size=c(3, 3), activation="relu") %>%
  layer_max_pooling_2d(pool_size=c(2, 2)) %>%
```

```
layer_conv_2d(filters=128, kernel_size=c(3, 3), activation="relu") %>%
layer_max_pooling_2d(pool_size=c(2, 2)) %>%
layer_flatten() %>%
layer_dense(units=512, activation="relu") %>%
layer_dense(units=1, activation="sigmoid")
```

下面让我们看一下特征映射的尺寸是如何随着每个连续的层而变化的：

```
summary(model)
```

```
## Model: "sequential_2"
##  _____
## Layer (type)                     Output Shape                 Param #
## ========================================================================
## conv2d_6 (Conv2D)                (None, 148, 148, 32)         896
##  _____
## max_pooling2d_2 (MaxPooling2D)   (None, 74, 74, 32)           0
##  _____
## conv2d_7 (Conv2D)                (None, 72, 72, 64)           18496
##  _____
## max_pooling2d_3 (MaxPooling2D)   (None, 36, 36, 64)           0
##  _____
## conv2d_8 (Conv2D)                (None, 34, 34, 128)          73856
##  _____
## max_pooling2d_4 (MaxPooling2D)   (None, 17, 17, 128)          0
##  _____
## conv2d_9 (Conv2D)                (None, 15, 15, 128)          147584
##  _____
## max_pooling2d_5 (MaxPooling2D)   (None, 7, 7, 128)            0
##  _____
## flatten_1 (Flatten)              (None, 6272)                 0
##  _____
## dense_2 (Dense)                  (None, 512)                  3211776
##  _____
## dense_3 (Dense)                  (None, 1)                    513
## ========================================================================
## Total params: 3,453,121
## Trainable params: 3,453,121
## Non-trainable params: 0
```

```
##  -------------------------------------------------------------------
```

在设置编译时，我们将像往常一样使用 RMSProp 优化器。因为网络最后一层是单一的 Sigmoid 单元，所以我们将使用二进制交叉熵（binary cross entropy）作为损失函数。

　　代码 5.6：配置训练模型。

```
model %>% compile(
 loss="binary_crossentropy",
 optimizer=optimizer_rmsprop(lr=1e-4),
 metrics=c("acc")
)
```

5.2.4　数据预处理

正如我们所了解的，在数据输入网络之前，应该将格式转化为适合处理的浮点张量。现在，数据以 JPEG 文件格式保存在驱动器上，因此将其输入网络之前的预处理步骤大致如下。

（1）读取图片文件。

（2）将 JPEG 内容解码为 RGB 网格像素。

（3）将这些数据转换为浮点张量。

（4）将像素值（在 0~255）重新映射到 [0, 1] 区间（神经网络更喜欢处理小的输入值）。

这可能看起来有点复杂，幸运的是 Keras 有专门的工具可以自动处理这些步骤。Keras 包括许多图像处理辅助工具，特别是 image_data_generator( ) 函数，该函数可以自动将磁盘上的图像文件批量转换为预处理好的张量。这就是接下来我们要做的工作。

　　代码 5.7：使用 image_data_generator( ) 从目录中读取图像。

```
train_datagen <- image_data_generator(rescale=1/255)
validation_datagen <- image_data_generator(rescale=1/255)


train_generator <-flow_images_from_directory(
 train_dir,
 train_datagen,
 target_size=c(150, 150),
 batch_size=20,
 class_mode="binary"
)
```

```
validation_generator <- flow_images_from_directory(
 validation_dir,
 validation_datagen,
 target_size=c(150, 150),
 batch_size=20,
 class_mode="binary"
)
```

让我们看看其中一个生成器的输出结果：它产生 150×150 个 RGB 图像（形状为 (20,150,150,3)）和二进制标签（长度为 20 的一维向量）的批量，每批中有 20 个样本（批量大小）。请注意，生成器将不断地生成一批一批的样本，直到遍历完目标文件夹中的所有图像。

代码 5.8：显示一批数据和标签。

```
batch <- generator_next(train_generator)
str(batch)

## List of 2
##  $ : num [1:20, 1:150, 1:150, 1:3] 0.651 0.0196 0.9294 0.5451 0.8667
    ...
##  $ : num [1:20(1d)] 0 1 0 0 0 1 0 0 0 1 ...
```

注意：若使用模型拟合预处理后的数据，可以使用 fit_generator 函数，该函数在数据生成器上的作用等价于 fit 函数。它的第一个参数，一个不断产生批量输入和目标的生成器，就像前面介绍的 train_generator 和 validation_generator 一样。因为数据在无休止地生成，Keras 模型需要知道每一轮从生成器中抽取多少样本，这就是 steps_per_epoch 参数的作用。若在生成器中抽取 steps_per_epoch 批次之后，也就是说，在运行了 steps_per_epoch 梯度下降步骤之后，拟合过程将进入下一个周期。本例中，每个批次包含 20 个样本，因此对于 2000 个样本，需要 100 个批次。

注意：使用 fit_generator 时，可以传递 validation_data 参数，就像使用 fit 函数一样。要注意的是，该参数可以是数据生成器，也可以是数组数据。如果向 validation_data 传入一个生成器。那么这个生成器应该无休止地产生批量的验证数据，因此，还应该指定 validation_steps 参数，该参数将告诉进程从验证生成器中抽取多少批次用于评估。

代码 5.9：使用批处理生成器拟合模型。

```
history <- model %>% fit_generator(
 train_generator,
```

```
steps_per_epoch=100,
epochs=30,
validation_data=validation_generator,
validation_steps=50
)
```

在训练完成后保存模型是一种很好的习惯。

代码 5.10：保存模型。

```
model %>% save_model_hdf5("cats_and_dogs_small_1.h5")
```

我们来绘制训练期间模型的损失值和准确度的曲线图，如图 5.2.2 所示。

代码 5.11：显示训练期间的损失值和准确度曲线。

```
plot(history)
```

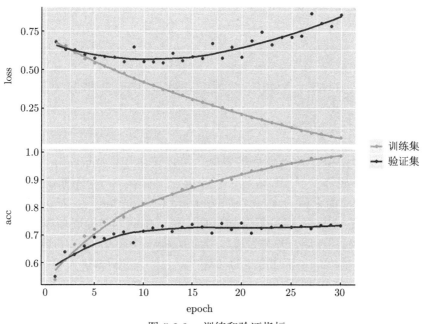

图 5.2.2   训练和验证指标

曲线图表现出模型存在过拟合的特征，即训练准确度随时间线性增加，直到接近 100%，而验证准确度停留在 75% 以下。曲线图显示：仅仅五个周期之后，验证损失值在达到最小值后开始增加，而训练集的损失值保持线性下降，直到接近于 0。这是因为训练样本相对较少（2000），过拟合需要被重点关注。第 4 章介绍了许多有助于减轻过拟合的技术，例如，Dropout 和权重衰减（L2 正则化）。现在我们再介绍一种新的、专门针对计算机视觉的并且在使用深度学习模型处理图像时几乎普遍使用的方法：数据增强。

5.2.5　使用数据增强

过拟合是由于只能在很少的样本上训练模型，模型无法学习到普遍的规律，难以形成可以推广到新数据的模型。如果有无限的数据，我们的模型将考虑到手头数据分布的每个可能方面，就不会出现过拟合。数据增强是利用现有训练样本生成更多训练数据的方法，通过大量随机变换来增加样本，从而产生更多的可用样本。该方法的目标是，在训练时模型几乎不会重复看到完全相同的图片，这有助于模型观察到更多的数据量，捕捉到更具一般性的规律，从而提升模型的泛化能力。

在 Keras 中，可以对 image_data_generator 读取的图像执行一系列随机转换，让我们来看一个例子。

代码 5.12：通过设置数据扩充配置。

```
image_data_generator

## function (featurewise_center=FALSE, samplewise_center=FALSE,
##     featurewise_std_normalization=FALSE, samplewise_std_normalization
   =FALSE,
##     zca_whitening=FALSE, zca_epsilon=1e-06, rotation_range=0,
##     width_shift_range=0, height_shift_range=0, brightness_range=NULL,
##     shear_range=0, zoom_range=0, channel_shift_range=0,
##     fill_mode="nearest", cval=0, horizontal_flip=FALSE,
##     vertical_flip=FALSE, rescale=NULL, preprocessing_function=NULL,
##     data_format=NULL, validation_split=0)
## {
##     args <- list(featurewise_center=featurewise_center, samplewise
   _center=samplewise_center,
##         featurewise_std_normalization=featurewise_std_normalization,
##         samplewise_std_normalization=samplewise_std_normalization,
##         zca_whitening=zca_whitening, rotation_range=rotation_range,
##         width_shift_range=width_shift_range, height_shift_range=
   height_shift_range,
##         shear_range=shear_range, zoom_range=zoom_range, channel_shift
   _range=channel_shift_range,
##         fill_mode=fill_mode, cval=cval, horizontal_flip=horizontal
   _flip,
##         vertical_flip=vertical_flip, rescale=rescale, preprocessing
   _function=preprocessing_function,
##         data_format=data_format)
##     if (keras_version() >= "2.0.4")
```

```
##          args$zca_epsilon <- zca_epsilon
##      if (keras_version() >= "2.1.5") {
##          args$brightness_range <- brightness_range
##          args$validation_split <- validation_split
##      }
##      do.call(keras$preprocessing$image$ImageDataGenerator, args)
## }
## <bytecode: 0x000000001e5e7600>
## <environment: namespace:keras>
```

```
datagen <- image_data_generator(
 rescale=1/255,
 rotation_range=40,
 width_shift_range=0.2,
 height_shift_range=0.2,
 shear_range=0.2,
 zoom_range=0.2,
 horizontal_flip=TRUE,
 fill_mode="nearest"
)
```

这些只是一些可用选项（更多信息请参阅 Keras 文档）。让我们快速浏览一下这段代码。

（1）rotation_range 是以度（0°~180°）为单位的角度值，表示图像随机旋转的角度范围。

（2）width_shift_range 和 height_shift_range 是图像在垂直或水平随机平移图片的范围（相对于总宽度或高度的比例）。

（3）shear_range 用于随机应用剪切变换。

（4）zoom_range 用于随机缩放图片内部。

（5）horizontal_flip 用于在没有水平不对称假设时（例如，真实世界的图片）随机水平翻转图像。

（6）fill_mode 是用于填充新创建的像素的策略，可以在旋转或宽度/高度偏移后出现。

让我们来看一下随机增强的训练图像，如图 5.2.3 所示。

代码 5.13：显示一些随机增强的训练图像。

```
fnames <- list.files(train_cats_dir, full.names=TRUE)
img_path <- fnames[[100]]   #选择一个图像来增强
```

```
img <- image_load(img_path, target_size=c(150, 150))#读取图像并调整其大小
img_array <- image_to_array(img) #将其转换为具有形状（150,150,3）的数组
img_array <- array_reshape(img_array, c(1, 150, 150, 3))
    #将其重塑为（1,150,150,3）

augmentation_generator <- flow_images_from_data(
    #生成批量随机转换的图像，无限循环，所以需要在某个时刻打破循环
 img_array,
 generator=datagen,
 batch_size=1
)

op <- par(mfrow=c(2, 2), pty="s", mar=c(1, 0, 1, 0))
for (i in 1:4) {
 batch <- generator_next(augmentation_generator)
 plot(as.raster(batch[1,,,])) #绘制图像
}
# par(op)
```

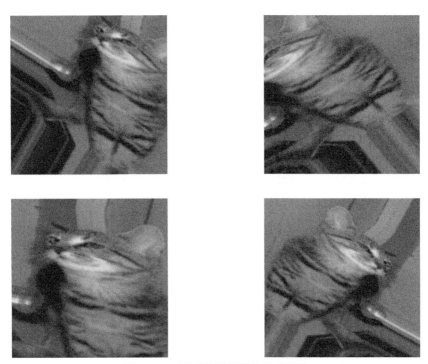

图 5.2.3 通过数据增强生成的图像

如果使用数据增强来训练新网络，网络将永远不会看到两次相同的输入。但它看到的输入仍然高度相互关联，因为它们来自少量的原始图像，这是无法生成新信息，只能重新混合现有信息造成的。因此，这可能还不足以完全摆脱过拟合。为了进一步对抗过拟合，还需要在密集连接的分类器之前，向模型添加一个 Dropout 图层，将模型形成的临时联系删除。

代码 5.14：定义包含 Dropout 的新卷积神经网络。

```
model <- keras_model_sequential() %>%
 layer_conv_2d(filters=32,
               kernel_size=c(3, 3),
               activation="relu",
 input_shape=c(150, 150, 3)) %>%
 layer_max_pooling_2d(pool_size=c(2, 2)) %>%
 layer_conv_2d(filters=64,
               kernel_size=c(3, 3),
               activation="relu") %>%
 layer_max_pooling_2d(pool_size=c(2, 2)) %>%
 layer_conv_2d(filters=128,
               kernel_size=c(3, 3),
               activation="relu") %>%
 layer_max_pooling_2d(pool_size=c(2, 2)) %>%
 layer_conv_2d(filters=128,
               kernel_size=c(3, 3),
               activation="relu") %>%
 layer_max_pooling_2d(pool_size=c(2, 2)) %>%
 layer_flatten() %>%
 layer_dropout(rate=0.5) %>%
 layer_dense(units=512,
             activation="relu") %>%
 layer_dense(units=1,
             activation="sigmoid")

model %>% compile(
 loss="binary_crossentropy",
 optimizer=optimizer_rmsprop(lr=1e-4),
 metrics=c("acc")
)
```

让我们使用数据增强和 Dropout 来训练网络。

代码 5.15：使用数据增强生成器训练卷积神经网络。

```
datagen <- image_data_generator(
  rescale=1/255,
  rotation_range=40,
  width_shift_range=0.2,
  height_shift_range=0.2,
  shear_range=0.2,
  zoom_range=0.2,
  horizontal_flip=TRUE
)
test_datagen <- image_data_generator(rescale=1/255)
train_generator <- flow_images_from_directory(
  train_dir,
  datagen,
  target_size=c(150, 150),
  batch_size=32,
  class_mode="binary"
)
validation_generator <- flow_images_from_directory(
  validation_dir,
  test_datagen,
  target_size=c(150, 150),
  batch_size=32,
  class_mode="binary"
)
history <- model %>% fit_generator(
  train_generator,
  steps_per_epoch=100,
  epochs=100,
  validation_data=validation_generator,
  validation_steps=50
)
```

保存模型——我们将在后面使用它。

代码 5.16：保存模型。

```
plot(history)
```

```
model %>% save_model_hdf5("cats_and_dogs_small_2.h5")
```

如图 5.2.4 所示，由于使用数据增强和 Dropout，模型不再过拟合，训练曲线与验证曲线吻合程度非常高，预测准确度达到 82%，比没有正则化的模型提高了 15%。

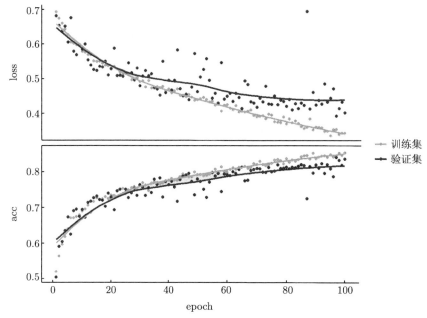

图 5.2.4　在训练集和验证集上的损失函数和准确度函数

通过进一步使用正则化技术，并通过调整网络的参数（如每个卷积层的过滤器数或网络中的图层数），我们可能能够获得更好的准确度，可能高达 86% 或 87%。但对于从头训练的模型，准确度很难变得更高了，因为可用数据太少。下一步为了提高在这个问题上的准确度，将不得不使用预先训练的模型，这将是接下来要重点介绍的内容。

5.3　通过预训练模型提高模型性能

在小样本图像数据集上进行深度学习，使用预训练的网络是一种常见且高效的方法。预训练的网络是以前保存的网络，在大型数据集上进行训练，通常是在大量图像分类任务上进行的。如果原始数据集足够大、足够通用，那么预训练网络学习到的空间要素层次结构，就可以有效地充当视觉通用模型，从中捕捉到的数据特征可以应用在许多不同的计算机视觉问题中，即使这些新的问题可能与原来任务涉及的是完全不同的类。例如，可以在 ImageNet 上训练网络（其中的类主要是动物和日常用品），然后重新定义这个训练有素的网络，如识别图像中家具项目这样明显不同的东西。这种能够将学到的特征在不同学习问题上移植的能力，是深度学习早期在浅层学习的一个关键优势，它使深度学习在解决小数据问题时非常有效。

本例中，我们将在 ImageNet 数据集上训练一个大型卷积神经网络（1 400 000 张标记的图像和 1000 个不同的类）。ImageNet 包含许多动物的类别，包括不同种类的猫和狗，因此我们期待它能够更好地解决猫与狗的分类问题。

这里使用由凯伦·西蒙尼扬（Karen Simonyan）和安德鲁·西塞曼（Andrew Zisserman）在 2014 年开发的 VGG16 [VGGNet 是由牛津大学计算机视觉组（Visual Geometry Group）和谷歌 DeepMind 公司的研究员一起研发的深度卷积神经网络] 架构，它是针对 ImageNet 数据集并被广泛使用的卷积神经网络架构，虽然它是一个较旧的模型型号，可能远比不了当前最先进的模型，同时还比许多新模型的结构更复杂，但我们依然选择它，是因为它的架构类似于我们已经熟悉的、容易理解的模型构架，也没有引入任何新的概念。这可能是读者第一次遇到这些模型（names-VGG、ResNet、Inception、Inception-ResNet、Xception 等），但是没有关系，我们会逐渐习惯使用它们，因为随着学习的深入，它们会经常出现在计算机视觉任务的处理中。

使用预先训练的网络模型有两种方法：特征提取和微调，下面先从特征提取开始。

5.3.1 特征提取

特征提取包括将先前网络学习到的表示应用到新样本中，来提取有价值的特征。然后通过分类器利用这些特征实现分类目标。如前所述，用于图像分类的卷积神经网络包括两部分：从一系列池化和卷积层开始，以一个密集连接分类器结束。第一部分称为模型的卷积基。在特征提取方法上构建卷积神经网络时，模型使用一个以前训练过的卷积基替代使用数据估计得到的卷积基，然后通过它来运行新数据，将得到的计算结果输出到顶层分类器上，如图 5.3.1 所示。

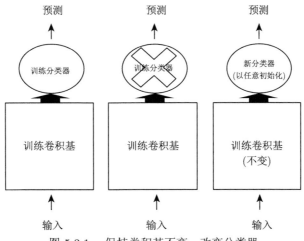

图 5.3.1　保持卷积基不变，改变分类器

为什么只重复使用卷积基？是否可以重复使用包括密集连接的分类器在内的整个卷积神经网络？一般来说，是不应该这样做的。这是因为卷积基学习的表示更具有通用性，因此更适合重复使用。卷积神经网络的特征映射展现了一个图片整体的特征，这种

特征在处理图像问题时具有通用性。但是分类器学到的表示，必然是限定在训练模型的分类目标上。它们只包含关于整个图像属于哪个分类的概率信息。此外，在密集层中发现的表示，不再包含任何有关对象在输入图像中的位置信息，这些图层舍弃了空间概念，然而卷积特征映射依旧可以描述物体的位置信息。因此对于关心物体位置的问题，密集连接的特征在很大程度上是没有用的。

请注意，卷积神经网络表示的一般性（以及可重用性）的程度取决于该卷积层在卷积神经网络中的深度。模型中较低层的图层会提取局部的、高度通用的要素图（如视觉边缘、颜色和纹理），而较高层的图层会提取更抽象的概念（如 "猫耳朵" 或 "狗眼睛"）。因此，如果需要处理的新数据集与训练原始模型的数据集不同，最好只重复使用模型的前几层进行特征提取，而不是使用整个卷积基。

本例中，因为 ImageNet 类集包含多个狗和猫类，所以重用原始模型的密集层中包含的信息，对本问题的研究可能是有益的。但是为了避免目标模型类别与原始模型类别不一致的情况，我们不这样做。一般来说，我们通过使用受过训练的 VGG16 网络的卷积基，在 ImageNet 上实现这一过程，从猫和狗的图像中提取有趣的特征，然后在这些特征之上，训练一个猫和狗的分类器。

Keras 除了预装了 VGG16，还预装了其他预训练的卷积神经网络。下面列举了 Keras 的一部分可用的图像分类模型（所有都是在 ImageNet 数据集上完成的预训练）：Xception、InceptionV3、ResNet50、VGG16、VGG19、MobileNet。

让我们实例化 VGG16 模型。

代码 5.17：实例化 VGG16 卷积基。

```
library(keras)
conv_base <- application_vgg16( #加载 VGG16 网络
  weights="imagenet",
  include_top=FALSE,
  input_shape=c(150, 150, 3)
)
```

上述指令将三个参数传递给函数。

（1）weights 指定初始化模型的权重点。

（2）include_top 指的是包括（或不包括）密集连接的分类器网络。默认情况下，此密集连接的分类器对应 ImageNet 中的 1000 个类。因为准备使用自己密集连接的分类器（用于只有两个类的问题：猫和狗），所以不需要包括它。

（3）input_shape 描述要提供给网络图像张量的形状。这个参数是完全可选的：如果不传入这个参数，网络将能够处理任何尺寸的输入。

下面是 VGG16 卷积的体系结构的详细信息。它类似于我们已经熟悉的简单的卷积神经网络。

conv_base

```
## Model
## Model: "vgg16"
## _____
## Layer (type)                    Output Shape              Param #
## ==================================================================
## input_1 (InputLayer)            [(None, 150, 150, 3)]     0
## _____
## block1_conv1 (Conv2D)           (None, 150, 150, 64)      1792
## _____
## block1_conv2 (Conv2D)           (None, 150, 150, 64)      36928
## _____
## block1_pool (MaxPooling2D)      (None, 75, 75, 64)        0
## _____
## block2_conv1 (Conv2D)           (None, 75, 75, 128)       73856
## _____
## block2_conv2 (Conv2D)           (None, 75, 75, 128)       147584
## _____
## block2_pool (MaxPooling2D)      (None, 37, 37, 128)       0
## _____
## block3_conv1 (Conv2D)           (None, 37, 37, 256)       295168
## _____
## block3_conv2 (Conv2D)           (None, 37, 37, 256)       590080
## _____
## block3_conv3 (Conv2D)           (None, 37, 37, 256)       590080
## _____
## block3_pool (MaxPooling2D)      (None, 18, 18, 256)       0
## _____
## block4_conv1 (Conv2D)           (None, 18, 18, 512)       1180160
## _____
## block4_conv2 (Conv2D)           (None, 18, 18, 512)       2359808
## _____
## block4_conv3 (Conv2D)           (None, 18, 18, 512)       2359808
## _____
## block4_pool (MaxPooling2D)      (None, 9, 9, 512)         0
## _____
## block5_conv1 (Conv2D)           (None, 9, 9, 512)         2359808
```

```
##  -------------------------------------------------------------------
## block5_conv2 (Conv2D)          (None, 9, 9, 512)              2359808
##  -------------------------------------------------------------------
## block5_conv3 (Conv2D)          (None, 9, 9, 512)              2359808
##  -------------------------------------------------------------------
## block5_pool (MaxPooling2D)     (None, 4, 4, 512)              0
##  ===================================================================
## Total params: 14,714,688
## Trainable params: 14,714,688
## Non-trainable params: 0
##  -------------------------------------------------------------------
```

最终的特征映射具有的形状为 $(4, 4, 512)$。我们将在这个特征上接入一个密集连接分类器。

此时，可以用以下两种方法来完成。

（1）在数据集上运行卷积基，将其输出以数组形式保存到磁盘中，然后使用此数据作为输入，将其输入独立的密集连接的分类器中。这种解决方案运行速度快且容易实现，因为它只需要为每张输入图像运行一次卷积基，而卷积基是迄今为止模型中成本最高的部分。出于相同的原因，这种技术不允许使用数据增强技术。

（2）通过在顶部添加密集层扩展拥有的卷积基（conv_base），并在输入数据上从头到尾地运行整个程序。这将允许使用数据增强技术，因为每张输入图像进入模型时都会经过卷积基。出于同样的原因，这种技术要比第一种运行成本高得多。

下面我们将分别介绍这两种技术。首先让我们来看看第一种情况所需的代码：记录数据在 conv_base 上的输出，并将这些输出作为一个新模型的输入。

（1）使用预训练的卷积基提取特征。 可以通过直接运行先前介绍的 image_data_generator 函数将图像及其标签提取为数组。通过调用 predict 的方法来生成这些图像在 conv_base 模型上的输出结果。

代码 5.18：使用预训练卷积基提取特征。

```
base_dir <- "C:/data/cnn/cat&dag/cats_and_dogs_small"
train_dir <- file.path(base_dir, "train")
validation_dir <- file.path(base_dir, "validation")
test_dir <- file.path(base_dir, "test")
datagen <- image_data_generator(rescale=1/255)
batch_size <- 20
extract_features <- function(directory, sample_count) {
  features <- array(0, dim=c(sample_count, 4, 4, 512))
  labels <- array(0, dim=c(sample_count))
```

```r
generator <- flow_images_from_directory(
  directory=directory,
  generator=datagen,
  target_size=c(150, 150),
  batch_size=batch_size,
  class_mode="binary"
)
i <- 0
while(TRUE) {
  batch <- generator_next(generator)
  inputs_batch <- batch[[1]]
  labels_batch <- batch[[2]]
  features_batch <- conv_base %>% predict(inputs_batch)
  index_range <- ((i * batch_size)+1):((i + 1) * batch_size)
  features[index_range,,,] <- features_batch
  labels[index_range] <- labels_batch
  i <- i + 1
  if (i * batch_size >= sample_count)
  break            #请注意，因为生成器在循环中无限期地生成数据，所以必
                   #须在读取完所有图像后终止循环
}
list(
  features=features,
  labels=labels
)
}
train <- extract_features(train_dir, 2000)
validation <- extract_features(validation_dir, 1000)
test <- extract_features(test_dir, 1000)
```

接下来，将卷积基提取到的特征形状 (samples, 4, 4, 512) 作为输出结果，输入密集连接的分类器中。所以首先需要将它们展开成形状为 (samples, 8192) 的数组：

```r
reshape_features <- function(features) {
  array_reshape(features, dim=c(nrow(features), 4 * 4 * 512))
}
train$features <- reshape_features(train$features)
validation$features <- reshape_features(validation$features)
```

```
test$features <- reshape_features(test$features)
```

此时，就可以定义密集连接的分类器（注意使用 Dropout 正则化），并在刚输出的数据和标签上进行训练。本例在第一密集层和第二密集层引入了 Dropout 正则化。

代码 5.19：定义和训练密集连接的分类器。

```
model<-keras_model_sequential() %>%
  layer_dense(units=256,
              activation="relu",
              input_shape=4 * 4 * 512) %>%
  layer_dropout(rate=0.5)%>%
  layer_dense(units=1,
              activation="sigmoid")

model %>% compile(
  optimizer=optimizer_rmsprop(lr=2e-5),
  loss="binary_crossentropy",
  metrics=c("accuracy")
)

history <- model %>% fit(
  train$features,
  train$labels,
  epochs=30,
  batch_size=20,
  validation_data=list(validation$features, validation$labels)
)
```

因为只需要处理两个密集连接的分类器，所以训练过程非常快。即使在 CPU 上进行训练，这个阶段也只需不到一秒钟。让我们看一下训练期间的损失值和准确度曲线，如图 5.3.2 所示。

```
plot(history)
```

这样做达到的验证准确度大约为 90%，比 5.3 节从头开始训练的小型模型得到的结果要好得多。同时也显示了这个模型几乎从一开始就存在过拟合，尽管使用了 0.5 这样相当大的 Dropout 比率。这是因为这种方案没有使用数据增强技术，而数据增强对防止小规模图像数据集过拟合来说是不可缺少的。

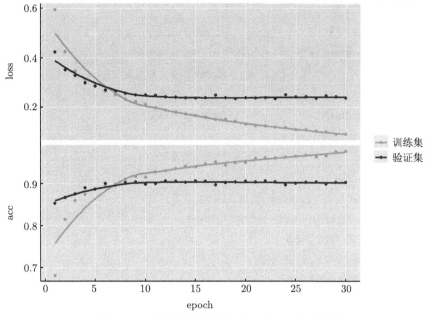

图 5.3.2 训练期间的损失值和准确度的曲线图

（2）使用数据增强的特征提取。 现在，使用前面介绍的第二种特征提取技术，这种技术虽然更慢[①]、运行成本更高，但它允许使用数据增强技术。我们在训练集中把样本数据从头到尾输入卷积基中，使其更加匹配目标任务。

由于模型与图层类似，因此可以在顺序（sequential）模型上添加一个模型（如卷积基），就像在顺序模型上添加一个图层一样。

代码 5.20：在卷积上添加一个密集连接的分类器基础。

```
model <- keras_model_sequential() %>%
  conv_base %>%
  layer_flatten() %>%
  layer_dense(units=256,
              activation="relu") %>%
  layer_dense(units=1,
              activation="sigmoid")
```

现在模型的结构为：

```
model

## Model
## Model: "sequential_5"
```

---

① 注意：第二种方案在 CPU 上的运行时间较长（几小时到几十小时）。

```
## -------------------------------------------------------------------
## Layer (type)                    Output Shape              Param #
## ===================================================================
## vgg16 (Model)                   (None, 4, 4, 512)         14714688
##
## -------------------------------------------------------------------
## flatten_3 (Flatten)             (None, 8192)              0
##
## -------------------------------------------------------------------
## dense_8 (Dense)                 (None, 256)               2097408
##
## -------------------------------------------------------------------
## dense_9 (Dense)                 (None, 1)                 257
## ===================================================================
## Total params: 16,812,353
## Trainable params: 16,812,353
## Non-trainable params: 0
##
## -------------------------------------------------------------------
```

正如我们所看到的，VGG16 的卷积基有 14 714 688 个参数，这是一个非常大的数字，它上面添加的分类器有 200 万个参数。

在编译和训练模型之前，一定要"冻结"部分卷积基。冻结一个卷积层或多个卷积层意味着它们的权重在训练过程中保持不变。如果不这样做，那么意味着先前由卷积基础学习的内容将在训练过程中被修改。因为其上添加的密集层是随机初始化的，通过网络传播，这个初始值就会以非常大的权重进行更新，这对之前学到的表示造成很大的破坏，通常我们冻结一个卷积层。

在 Keras 中，使用 freeze_weights() 函数冻结网络：

```
cat("This is the number of trainable weights before freezing",
"the conv base:", length(model$trainable_weights), "\n")
```

```
## This is the number of trainable weights before freezing the conv
   base: 30
```

```
freeze_weights(conv_base)
cat("This is the number of trainable weights after freezing",
"the conv base:", length(model$trainable_weights), "\n")
```

```
## This is the number of trainable weights after freezing the conv base:
   4
```

使用此设置，只有新添加的两个密集层的权重会被训练。一共四个权重张量：每层两个（主要权重矩阵和偏置）。请注意，要使这些更改生效，该模型必须重新进行编译。

如果在编译后修改了权重的可训练属性，那么需要重新编译模型，否则这些更改将被忽略。现在，依然可以使用上一个示例中数据增强的参数配置进行模型训练。

代码 5.21：使用冻结的卷积基础对端到端的模型进行训练。

```
train_datagen=image_data_generator(
  rescale=1/255,
  rotation_range=40,
  width_shift_range=0.2,
  height_shift_range=0.2,
  shear_range=0.2,
  zoom_range=0.2,
  horizontal_flip=TRUE,
  fill_mode="nearest"
)
test_datagen <- image_data_generator(rescale=1/255)
train_generator <- flow_images_from_directory(
  train_dir,
  train_datagen,
  target_size=c(150, 150),
  batch_size=20,
  class_mode="binary"
)
validation_generator <- flow_images_from_directory(
  validation_dir,
  test_datagen,
  target_size=c(150, 150),
  batch_size=20,
  class_mode="binary"
)
model %>% compile(
  loss="binary_crossentropy",
  optimizer=optimizer_rmsprop(lr=2e-5),
  metrics=c("accuracy")
)
history <- model %>% fit_generator(
  train_generator,
  steps_per_epoch=100,
  epochs=30,
```

```
    validation_data=validation_generator,
    validation_steps=50
)
plot(history)
```

让我们再次绘制结果，见图 5.3.3。正如所看到的，模型验证准确度约为 87%。这比从头开始训练的小型卷积神经网络要好得多。

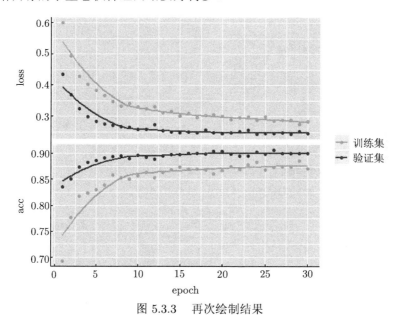

图 5.3.3   再次绘制结果

5.3.2   微调

另一种广泛使用的、与特征提取互补的模型重用技术是微调技术。微调包括解冻一些特征提取时的冻结模型基的顶层，并联合训练模型中新添加的部分（本例中，完全连接的分类器）和解冻的顶层。之所以称为微调，是因为它略微调整了重用模型中更抽象（高层）的表示，以使卷积基与目标的问题更相关。

我们之前说过，冻结 VGG16 的卷积基是为了能够在训练随机初始化的顶部分类器时，初始化参数不会对模型带来过大的冲击。出于同样的原因，只有在分类器已经训练好时，才能微调卷积基的顶层。如果分类器尚未经过训练就在训练期间进行网络传播，就会出现错误信号过大的问题，而且已经学习好的并通过微调的层表示也会被破坏。因此，微调网络的步骤如下。

（1）在已经训练过的基础网络上添加自定义网络。

（2）冻结基础网络。

（3）训练新添加的部分。

（4）解冻基础网络中的某些层。

（5）联合训练这些层和新添加的部分。

在进行特征提取时，我们就已经完成了前三个步骤。让我们继续执行第 4 步：解冻 conv_base，然后冻结单个 conv_base 里面的层。

提醒一下，下面是我们的卷积网络形态。

```
conv_base
```

```
## Model
## Model: "vgg16"
## _____
## Layer (type)              Output Shape             Param #
## =================================================================
## input_1 (InputLayer)      [(None, 150, 150, 3)]    0
## _____
## block1_conv1 (Conv2D)     (None, 150, 150, 64)     1792
## _____
## block1_conv2 (Conv2D)     (None, 150, 150, 64)     36928
## _____
## block1_pool (MaxPooling2D) (None, 75, 75, 64)      0
## _____
## block2_conv1 (Conv2D)     (None, 75, 75, 128)      73856
## _____
## block2_conv2 (Conv2D)     (None, 75, 75, 128)      147584
## _____
## block2_pool (MaxPooling2D) (None, 37, 37, 128)     0
## _____
## block3_conv1 (Conv2D)     (None, 37, 37, 256)      295168
## _____
## block3_conv2 (Conv2D)     (None, 37, 37, 256)      590080
## _____
## block3_conv3 (Conv2D)     (None, 37, 37, 256)      590080
## _____
## block3_pool (MaxPooling2D) (None, 18, 18, 256)     0
## _____
## block4_conv1 (Conv2D)     (None, 18, 18, 512)      1180160
## _____
## block4_conv2 (Conv2D)     (None, 18, 18, 512)      2359808
## _____
## block4_conv3 (Conv2D)     (None, 18, 18, 512)      2359808
## _____
```

```
## block4_pool (MaxPooling2D)        (None, 9, 9, 512)              0
## -------------------------------------------------------------------
## block5_conv1 (Conv2D)             (None, 9, 9, 512)        2359808
## -------------------------------------------------------------------
## block5_conv2 (Conv2D)             (None, 9, 9, 512)        2359808
## -------------------------------------------------------------------
## block5_conv3 (Conv2D)             (None, 9, 9, 512)        2359808
## -------------------------------------------------------------------
## block5_pool (MaxPooling2D)        (None, 4, 4, 512)              0
## ===================================================================
## Total params: 14,714,688
## Trainable params: 0
## Non-trainable params: 14,714,688
## -------------------------------------------------------------------
```

我们将微调后三个卷积层，这意味着直到 block4_pool 的所有层都被冻结，并且 block5_conv1、block5_conv2 和 block5_conv3 都应该是可训练的。

为什么不微调更多层？为什么不微调整个卷积基？理论上可以这样做，但需要考虑以下事项：卷积基中靠底部的层编码具有更加通用的可重用特征，而靠顶部的层编码具有更具针对性的特征。因此微调这些更具针对性的特征相对来说更加有用，这是因为它们可以根据新目标来进行调整，以适应新的目标。而微调更靠底部的层的效果并不明显，模型训练成本也会更高。此外，训练的参数越多，过拟合的风险也会越大。卷积基有 1500 万个参数，在小型数据集上训练这么多参数是有风险的。

因此，本例中，仅对卷积基上的高层进行微调是一个很好的策略。

接下来继续设置模型。

代码 5.22：解冻以前冻结的层。

```
unfreeze_weights(conv_base, from="block5_conv1")
```

现在我们可以开始微调网络了。我们将使用学习率非常低的 RMSProp 作为优化器。使用低学习率优化器的原因是，对于微调的三层表示，我们希望其变化范围不要太大，如果权重更新太大则可能会破坏这些表示。

现在继续进行微调。

代码 5.23：微调模型。

```
model %>% compile(
        loss="binary_crossentropy",
        optimizer=optimizer_rmsprop(lr=1e-5),
```

```
        metrics=c("accuracy")
)

history <- model %>% fit_generator(
        train_generator,
        steps_per_epoch=100,
        epochs=100,
        validation_data= validation_generator,
        validation_steps=50
)
```

让我们绘制结果，发现准确度又提升了约 1%，从 96% 以上提高到了 97%。但是损失值曲线没有显示任何真正的改善（事实上，它是恶化了）。读者可能很好奇，如果损失值没有降低，准确度如何保持稳定或改善？答案很简单：我们所展示的是逐点损失的平均值；但准确度关心的是损失值的分布，而不是它们的平均值，因为准确度是模型预测的类概率的二进制阈值。因此即使在平均损失上没有反映出来，该模型依然是有所改进的。

现在我们可以在最终测试数据上评估此模型。

```
test_generator <- flow_images_from_directory(
  test_dir,
  test_datagen,
  target_size=c(150, 150),
  batch_size=20,
  class_mode="binary"
)
model %>%
  evaluate_generator(test_generator, steps=50)

## $loss
## [1] 0.4038016
##
## $acc
## [1] 0.929
```

在这里，模型的测试准确度为 92.9%。对于 Kaggle（主要供开发商和数据科学家举办机器学习竞赛、托管数据库、编写和分享代码的平台）比赛的这个数据集，这将是最好的结果之一。但对于现代深度学习技术而言，我们只是使用了一小部分可用的训练数据（大约 10%）就达到了这个结果，如果训练 20 000 个样本呢？与 2000 个样本相比，结果可能会有很大的不同。

由此可见，卷积神经网络是解决计算机视觉问题的最佳机器学习模型。即使在非常小的数据集上，也可以通过从头开始训练模型产生不错的结果。但是在小规模数据集上，过拟合将是主要问题，此时数据增强是一个有效的方法，可以用来降低过拟合。此外，在新数据集上通过特征提取重用现有的卷积神经网络也是一个处理小规模图像数据集有效的方法。作为特征提取的补充，还可以使用微调，将现有模型之前学到的一些数据表示应用于新问题，这将进一步提高模型性能。

现在，在解决小型数据集计算机视觉问题时，从头开始训练小型模型、使用预训练模型进行特征提取，以及微调预训练模型，这三种策略将构成我们未来处理图像数据的工具集。

5.4　具有代表性的卷积神经网络模型*

关于卷积神经网络，迄今为止人们已经提出了各种网络结构。这里，我们介绍两个具有代表性的网络，一个是在 1998 年首次被提出的卷积神经网络始祖 LeNet；另一个是在 2012 年被提出的 AlexNet。

5.4.1　LeNet 模型

LeNet 模型是由杨立昆（YannLeCun）在 1998 年创建的，这是最早用于数字识别的卷积神经网络模型。如图 5.4.1 所示，它有连续的卷积层和池化层，最后经全连接层输出结果。

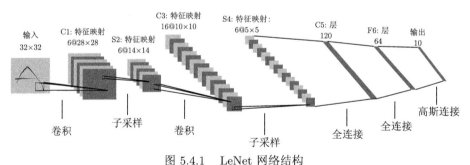

图 5.4.1　LeNet 网络结构

图中 @ 前表示数量，@ 后表示形状

LeNet 架构简单明了，结合 MNIST 数据集，能够在 CPU 上轻松运行，使初学者可以轻松地在深度学习和卷积神经网络中迈出第一步。需要强调的是，当时 LeNet 中使用的激活函数是 Sigmoid，而现在的卷积神经网络中主要使用 ReLU 函数。此外，当时的 LeNet 中使用子采样（subsampling）缩小中间数据的大小，而现在的卷积神经网络中最大池化是主流。以下我们介绍的 LeNet 模型就是采用 ReLU 函数作为激活函数，采用最大池化进行降采样的。

---

* 表示本节为选学章节。

针对 MNIST 数据集的 LeNet 结构如图 5.4.2 所示：包含 1 个输入层、2 个卷积层、2 个池化层、2 个全连接层、1 个 ReLU 层和 1 个 Softmax 层。

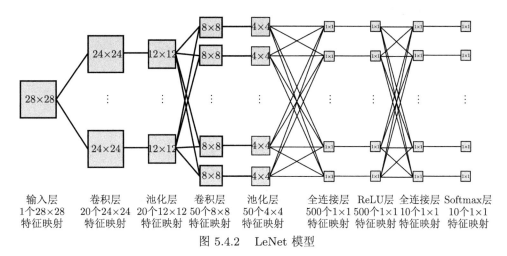

输入层	卷积层	池化层	卷积层	池化层	全连接层	ReLU层	全连接层	Softmax层
1个28×28	20个24×24	20个12×12	50个8×8	50个4×4	500个1×1	500个1×1	10个1×1	10个1×1
特征映射	特征映射	特征映射	特征映射	特征映射	特征映射	特征映射	特征映射	特征映射

图 5.4.2　LeNet 模型

下面是每层的神经元数目和参数的个数。

（1）输入层：输入的是一张 28×28 的图片。

（2）卷积层 1：该层使用 20 个 5×5 的过滤器分别对输入层图片进行卷积，所以包含 $20×5×5 = 500$ 个权重参数。卷积后图片边长为 $(28 - 5 + 1)/1 = 24$，所以产生 20 个 24×24 的特征映射，包含 $20×24×24 = 11\,520$ 个神经元。

（3）池化层 1：对上一层输出的特征映射的每个 2×2 区域进行降采样，选取每个区域最大值，这一层没有参数。降采样过后每个特征映射的长和宽变为原来的一半。

（4）卷积层 2：该层使用 $20×50$ 个 5×5 的过滤器分别对上一层的每一个特征映射进行卷积，所以包含 $20×50×5×5 = 25\,000$ 个权重参数。卷积后图片边长为 $(12-5+1)/1 = 8$，所以产生 50 个 8×8 的特征映射，包含 $50×8×8 = 3200$ 个神经元。

（5）池化层 2：和上一个池化层的功能类似，将 8×8 的特征映射降采样为 4×4，且该层无参数。

（6）全连接层 1：将上一层的所有神经元进行连接，该层含有 500 个神经元，所以共有 $50×4×4×500 = 400\,000$ 个权重参数。

（7）ReLU 层：激活函数层，实现 $x = \max[0, x]$，该层神经元数目和上一层相同，无权重参数。

（8）全连接层 2：功能和上一个全连接层类似，该层共有 10 个神经元，包含 $500×10 = 5000$ 个参数。

（9）Softmax 层：实现分类和归一化。

LeNet 的架构基于这样的观点：图像的特征分布在整张图像上，带有可学习参数的卷积是一种用少量参数在多个位置上提取相似特征的有效方式。LeNet 阐述了那些需要被学习的像素不应该被使用在第一层，因为图像具有很强的空间相关性，应该使用图像中独立的像素作为不同的输入特征。

LeNet 特征能够总结为如下几点。

（1）卷积神经网络使用三个层作为一个系列：卷积、池化、非线性。

（2）使用卷积提取空间特征。

（3）使用均值池化降低网络规模。

（4）双曲线（tanh）或 S 型（Sigmoid）形式的非线性。

（5）多层神经网络作为最后的分类器。

（6）层与层之间的稀疏连接矩阵避免大的计算成本。

5.4.2 AlexNet 模型

2012 年，欣顿的学生亚历克斯·克里泽夫斯基（Alex Krizhevsky）提出了深度卷积神经网络模型 AlexNet，该模型以显著的优势赢得了竞争激烈的 ILSVRC 2012 比赛，top-5 的错误率降低至 16.4%，相比第二名的成绩 26.2%，错误率有了巨大的提升。AlexNet 可以说是神经网络在低谷期后的第一次发声，确立了深度学习（深度卷积网络）在计算机视觉的统治地位，同时也推动了深度学习在语音识别、自然语言处理、强化学习等领域的拓展。

AlexNet 将 LeNet 的思想发扬光大，把卷积神经网络的基本原理应用到了更深、更宽的网络中。AlexNet 中包含了几个比较新的技术点。

（1）成功使用 ReLU 作为卷积神经网络的激活函数，并验证了其效果在较深的网络中超过了 Sigmoid，成功解决了 Sigmoid 在网络较深时的梯度弥散问题。虽然 ReLU 激活函数在很久之前就被提出了，但是直到 AlexNet 的出现才将其发扬光大。

（2）训练时使用 Dropout 随机忽略一部分神经元，以避免模型过拟合。Dropout 虽有专门的论文论述，但是 AlexNet 将其实用化，通过实践证实了它的效果。在 AlexNet 中主要是最后几个全连接层使用了 Dropout。

（3）在卷积神经网络中使用重叠的最大池化。此前卷积神经网络中普遍使用平均池化，AlexNet 全部使用最大池化，避免平均池化的模糊化效果。并且 AlexNet 中提出令步长比池化核的尺寸小，这样池化层的输出之间会有重叠和覆盖，提升了特征的丰富性。

（4）提出了局部响应归一化（local response normalization，LRN）层，对局部神经元的活动创建竞争机制，使其中响应比较大的值变得相对更大，并抑制其他反馈较小的神经元，增强了模型的泛化能力。

（5）使用 CUDA（compute unified device architecture，是显卡厂商 NVIDIA 推出的运算平台）加速深度卷积网络的训练，利用 GPU 强大的并行计算能力，处理神经网络训练时大量的矩阵运算。AlexNet 使用了两块 GTX 580 GPU 进行训练，单个 GTX 580 只有 3GB 显存，这限制了可训练的网络的最大规模。因此作者将 AlexNet 分布在两个 GPU 上，在每个 GPU 的显存中存储一半的神经元的参数。因为 GPU 之间通信方便，可以互相访问显存，而不需要通过主机内存，所以同时使用多块 GPU 也是非常高效的。同时，AlexNet 的设计让 GPU 之间的通信只在网络的某些层进行，控制了通信的性能损耗。

（6）数据增强，随机地从 256×256 的原始图像中截取 224×224 大小的区域（以及水平翻转的镜像），相当于增加了 $(256 - 224)^2 \times 2 = 2048$ 倍的数据量。如果没有数据增强，仅靠原始的数据量，参数众多的卷积神经网络会陷入过拟合中，使用了数据增强后可以大大减轻过拟合，提升泛化能力。进行预测时，则是取图片的四个角加中间共 5 个位置，并进行左右翻转，一共获得 10 张图片，对它们进行预测并对 10 次结果求均值。同时，AlexNet 论文中提到了会对图像的 RGB 数据进行主成分分析（principal components analysis，PCA）处理，并对主成分做一个标准差为 0.1 的高斯扰动，增加一些噪声，这个方法可以让错误率再下降 1%。

AlexNet 在 LeNet 问世 20 多年后被发布出来。AlexNet 是引发深度学习热潮的导火线，不过它的网络结构和 LeNet 基本上没有什么不同，如图 5.4.3 所示。

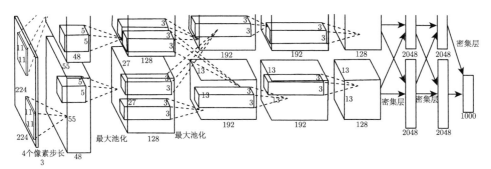

图 5.4.3　AlexNet 模型

整个 AlexNet 有 8 个需要训练参数的层（不包括池化层和 LRN 层），前 5 层为卷积层，后 3 层为全连接层。AlexNet 最后一层是有 1000 类输出的 Softmax 层，用作分类。LRN 层出现在第 1 个及第 2 个卷积层后，而最大池化层出现在两个 LRN 层及最后一个卷积层后。ReLU 激活函数则应用在这 8 层每一层的后面。因为 AlexNet 训练时使用了两块 GPU，因此这个结构图中不少组件都被拆为两部分。现在我们 GPU 的显存可以放下全部模型参数，因此只考虑一块 GPU 的情况即可。整个网络呈一个金字塔结构，具体来说如下。

（1）输入图片是 224×224 的三通道图片。

（2）第一层使用 11×11 的过滤器，滑动步长为 4 个像素，输出为 96 个特征映射并进行最大池化。

（3）第二层使用 5×5 的过滤器，卷积产生 256 个特征映射，并进行最大池化。

（4）第三层、第四层均使用 3×3 的过滤器，输出 384 个特征映射。

（5）第五层使用 3×3 的卷积层，输出 256 个特征映射，并进行池化。

（6）第六层、第七层为全连接层，分别包含 4096 个隐层，也就是说，到全连接层时只剩 4096 个特征值。

（7）第八层为 Softmax 层，得到最终的分类结果。

如上所述，关于网络结构，LeNet 和 AlexNet 没有太大的不同。但是，围绕它们的环境和计算机技术却大不相同。随着大规模并行计算的 GPU 得到普及，高速进行大量的运算已经成为可能，这为我们继续探索深度学习带来了新的希望。

第6章

循环神经网络

本章内容包括以下几点。

（1）循环神经网络工作原理。

（2）数值型序列数据上的循环神经网络。

（3）复杂循环神经网络。

在现实生活中，我们常常会遇到按发生时间先后顺序排列而成的序列数据，这些序列可以是统计学中常见的时间序列数据（如本章处理的天气数据），也可以是一个文本序列（如第 7 章介绍的酒店评论数据）。本章就来介绍处理相关序列数据的一些方法，这些方法可以用于以下情形。

（1）时间序列预测，例如，根据某个地区的历史天气数据预测未来的天气情况。

（2）文档分类和时间序列分类，例如，判别文章主题或判定书籍作者。

（3）时间序列比较，例如，估计两个文档或两个股票行情的相关关系。

（4）序列到序列的学习，例如，将英语句子翻译为法语。

（5）情感分析，例如，将推理观点或电影评论的情绪分类为正面或负面。

到目前为止，本书介绍过的所有神经网络都有一个共同特征，就是它们都没有记忆，如密集连接的网络和卷积神经网络。这体现在它们对每个输入进行的处理都是独立的，即不保存输入与输入之间的任何联系，单独的输入完全确定了剩下层上的神经元的激活值。因此使用此类网络处理数据点序列或时间序列，必须一次性向网络展示整个序列，所以需要将整个序列转换为单个数据点。例如，对于 IMDB 示例，我们需要做的就是将整个电影评论转换为单个大型向量然后一并处理。我们将这些网络称为前馈神经网络（feedforward neural network），而本章我们要介绍的网络——循环神经网络是一种具有内部循环的神经网络，在对序列进行处理时，仍然可以将一个序列视为单个数据点，但不同之处在于，网络不再是一次性处理全部数据，而是逐一遍历序列的全部元素。

6.1　循环神经网络工作原理

与之前学习的神经网络不同，循环神经网络具有记忆性，因此在对序列的非线性特征进行学习时具有一定优势，常常应用于自然语言处理，如语音识别、语言建模、机器翻译等，也被用于各类时间序列预报。

6.1.1　循环神经网络简介

循环神经网络是一类用于处理序列数据的神经网络。正如卷积神经网络可以很容易地扩展到很大宽度和高度的图像上一样，循环神经网络也可以扩展到更长的序列（比不基于序列的特化网络长得多），除此之外，如同卷积神经网络能够处理大小可变的图像一样，大多数循环神经网络也能处理可变长度的序列。这是因为循环神经网络可以在模型的不同部分实现参数共享。参数共享使模型能够扩展到不同长度的序列样本并进行泛化。如果每个时间点都有一个单独的参数，我们不但不能泛化到训练时没有见过的序列长度，也不能在时间上共享不同序列长度和不同位置的统计强度。当信息的特定部分会在序列内多个位置出现时，这样的共享尤为重要。假设我们要训练一个处理固定长度句子的前馈网络，传统的全连接前馈网络会给每个输入特征分配一个单独的参数，所以需要学习句子每个位置的语言规则。而循环神经网络在几个时间步内共享相同的权重，不需要学习句子每个位置的语言规则。另外，对于一维时间序列，卷积神经网络可以实现跨时间的参数共享，但是这种共享是浅层的。这是因为卷积的输出是一个序列，且输出的每一项是相邻几项输入的函数，因此参数共享的概念仅体现在每个时间步中使用的卷积核相同。而循环神经网络是以不同的方式来实现参数共享的，网络输出的每一项是前一项的函数，输出的每一项是一同对先前的输出应用相同的更新规则而产生的，这种循环方式实现了参数的深层共享。

根据前面章节的学习，我们知道神经网络包含输入层、中间层和输出层，层与层之间是通过权重连接的，激活函数是事先确定好用于控制输出的，那么神经网络模型通过训练"学"到的东西就蕴含在"权重"中。基础的神经网络只在层与层之间建立了权连接，而循环神经网络最大的不同之处就在于层之间的神经元之间也会建立权连接，这样数据输入模型的先后顺序就会对模型学习结果产生影响。这样的处理方式也符合我们的实际经验，正如阅读一样，在眼睛扫视到新的一行文字时，我们会结合前面已经阅读过的信息进行动态理解。借鉴生物智能以渐进的方式处理信息，我们建立了这样一个模型：允许网络中的参数能够以动态方式不断地变化，并且将这个正在处理的模型保存在内部，让模型随着输入信息的更新而更新。如此一来，中间层神经元的行为就不是完全由前一层的中间层神经元决定，而是同样受到更前层神经元的激活值的影响。同样中间层和输出层的神经元的激活值也不单单由当前的网络输入决定，而是包含了之前输入的影响。循环神经网络采用的就是这个原理，它通过遍历所有的序列元素来保存一个状态，其中包含着遍历内容的相关信息。

实际上，循环神经网络是一种具有内部循环的神经网络，如图 6.1.1 所示。我们运用循环神经网络对序列进行处理时,仍然可以将一个序列视为单个数据点,即神经网络的一个独立输入。但不同之处在于,网络不再是一次性处理全部数据,而是逐一遍历序列的全部元素。

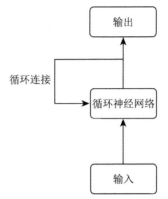

图 6.1.1 循环神经网络:具有循环的网络

图 6.1.2 是一个标准的循环神经网络结构图,图中每个箭头代表做一次变换,也就是说箭头连接带有权重。左侧是折叠起来的样子,右侧是展开的样子,左侧中 h 旁边的箭头表示数据的循环更新,这一"循环"体现在中间层,这一结构就是实现时间记忆功能的关键。

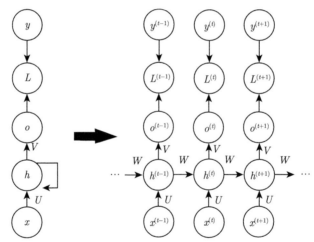

图 6.1.2 循环神经网络结构图

在展开结构中我们可以观察到,在标准的循环神经网络结构中,中间层的神经元之间也是带有权重的。也就是说,随着序列的不断推进,前面的中间层将会影响后面的中间层。图中 o 代表输出,y 代表样本给出的确定值,L 代表损失函数,我们可以看到,"损失"也是随着序列的不断推进而不断积累的。除上述特点之外,标准循环神经网络还有以下特点:① 权重共享,即图中的 W、U、V 在每个时刻都是相等的;② 每一个输入值都只与它本身的那条路线建立权连接,而不和其他神经元连接。

循环神经网络到底如何具体实现"记忆"的功能呢?下面我们先来介绍该网络模型

的前向传播过程。

6.1.2 循环神经网络前向传播过程

首先明确一组符号含义：x 为输入，h 为中间层单元，o 为输出，L 为损失函数，y 为训练集的标签。这些元素右上角的 t 表示元素在 t 时刻的状态，其中需要注意的是，中间层单元 h 在 t 时刻的表现不仅由此刻的输入决定，还受 t 时刻之前时刻的影响。V、W、U 是权重，同一类型的权连接的权重相同。前向传播过程其实非常简单，对于 t 时刻：

$$h^{(t)} = \Phi(Ux^{(t)} + Wx^{(t-1)} + b)$$

式中，$\Phi()$ 为激活函数，一般来说会选择 tanh 函数；b 为偏置。t 时刻的输出为

$$o^{(t)} = Vh^{(t)} + c$$

最终模型的预测输出为

$$\hat{y}^{(t)} = \sigma(o^{(t)})$$

式中，σ 为激活函数，当循环神经网络用于分类问题时，可以使用 Softmax 函数。

为了使循环状态的概念变得清晰，下面我们在 R 语言中实现一个较简单的循环神经网络的前向输出。该循环神经网络将一系列张量序列作为输入，将其编码为形状为（timesteps，input_features）的二维张量。该网络通过遍历全部时间点，在每个时间点考虑其在 t 时刻的状态和 t 时刻的输入 [形状为（input_features）]，并将它们组合，以获得 t 时刻的输出。然后将前一个时间点的输出设置为下一时间点的状态。由于第一个时间点没有前一个时间点的输出，因此没有当前状态。所以，我们需要将初始状态初始化为全零向量，此时的网络就是初始状态。

以下是循环神经网络前向传播过程的伪代码。

代码 6.1：循环神经网络伪代码。

```
state_t=0   # T 时刻的状态
for (input_t in input_sequence) { #遍历序列元素
  output_t <- f(input_t, state_t)
  state_t <- output_t #先前的输出变为下一次迭代的状态
}
```

我们甚至可以给出这个具体的函数 f：从输入和状态到输出的变换，其参数包括两个矩阵 W 和 U 以及一个偏置向量。它类似于在前馈网络中密集层操作的变换。

代码 6.2：循环神经网络的更详细的伪代码。

```
state_t <- 0
for (input_t in input_sequence) {
  output_t <- activation(dot(W, input_t) + dot(U, state_t) + b)
  state_t <- output_t
}
```

为了明晰这些概念，下面将在 R 语言中实现一个循环神经网络的前向传播过程。

代码 6.3：简单循环神经网络的 R 实现。

```
library(keras)
timesteps <- 100   #输入序列中的时间步数
input_features <- 32   #输入特征空间的维数
output_features <- 64    #输出特征空间的维数
random_array <- function(dim) {
  array(runif(prod(dim)), dim=dim)
}

#输入数据：为了示例，随机噪声
inputs <- random_array(dim=c(timesteps, input_features))

#初始状态：全零向量
state_t <- rep_len(0, length=c(output_features))

#创建随机权重矩阵
W <- random_array(dim=c(output_features, input_features))

#创建随机权重矩阵
U <- random_array(dim=c(output_features, output_features))

#创建随机偏移矩阵
b <- random_array(dim=c(output_features, 1))

#创建输出序列矩阵
output_sequence <- array(0, dim=c(timesteps, output_features))


for (i in 1:nrow(inputs)) {
  input_t <- inputs[i,] # input_t 是形状为（input_features）的矢量
  output_t <- tanh(as.numeric((W %*% input_t)+(U %*% state_t)+b)*0.08)
  ##tanh   #将输入与当前状态（前一输出）组合以获得当前输出
  output_sequence[i,] <- as.numeric(output_t)   #更新结果矩阵
  state_t <- output_t   #更新网络状态，用于下一个时间步
}
output_t #输出 T 时刻的状态
```

```
## [1] 0.9978328 0.9968909 0.9987266 0.9954740 0.9955578 0.9966938
       0.9979919
## [8] 0.9960245 0.9966984 0.9984597 0.9934960 0.9966554 0.9963554
       0.9942617
## [15] 0.9987246 0.9975596 0.9958021 0.9965739 0.9954516 0.9928965
       0.9946211
## [22] 0.9969325 0.9959519 0.9927331 0.9975113 0.9973388 0.9965596
       0.9958114
## [29] 0.9957165 0.9978115 0.9978520 0.9963399 0.9957916 0.9980414
       0.9976650
## [36] 0.9979154 0.9973483 0.9975470 0.9967056 0.9940125 0.9963314
       0.9977987
## [43] 0.9956840 0.9982379 0.9961395 0.9971647 0.9953424 0.9970656
       0.9976564
## [50] 0.9975362 0.9970581 0.9970618 0.9977210 0.9969732 0.9972370
       0.9952111
## [57] 0.9962442 0.9970513 0.9948533 0.9959836 0.9966408 0.9977153
       0.9970282
## [64] 0.9975164
```

得到循环神经网络的前向传播结果之后，可以和我们前面学习过的其他神经网络一样来定义损失函数。其中唯一的区别在于因为循环神经网络的每个时刻都有一个输出，所以网络的损失值为所有时刻（或部分时刻）上的损失值的总和。

循环神经网络的特征在于它们的时间状态函数，例如，在前面例子中的这个函数如图 6.1.3 所示。

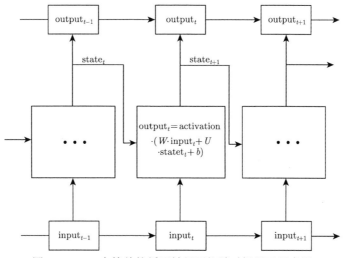

图 6.1.3 一个简单的循环神经网络随时间展开示意图

代码 6.4：输出中使用激活函数。

```
output_t <- tanh(as.numeric((W %*% input_t) + (U %*% state_t) + b))
output_t
```

```
##  [1] 1 1 1 1 1 1 1 1 1 1 1 1 1 1 1 1 1 1 1 1 1 1 1 1 1 1 1 1 1 1 1
        1 1 1 1 1 1 1
## [39] 1 1 1 1 1 1 1 1 1 1 1 1 1 1 1 1 1 1 1 1 1 1 1 1 1 1 1
```

注意：在此示例中，最终输出是二维张量的形状（time steps，output_features），其中每个时间步长是时间 t 的循环输出。输出张量中的每一个时间步 t 都包含了关于输入序列中的时间步 $1\sim t$ 的信息，即关于整个过去。因此，在许多情况下，不需要完整的输出序列，只需要最后一个输出（循环末尾的 output_t），因为它已经包含了关于整个序列的信息。

我们介绍了循环神经网络的前向传播过程，但还未提及权重参数 W、U、V 都是怎么实现更新的。由于网络每一步的输出不仅依赖当前时间步的网络，还依赖之前若干时间步的网络状态，因此，此处采用随时间反向传播（back propagation through time，BPTT）算法，将输出端的误差值反向传递，并运用梯度下降法进行更新。BPTT 这种算法其实就是反向传播的改版，相当于把循环神经网络看作一个展开的多层前馈网络，其中被展开的每一层就对应于循环神经网络中的每个时刻。

其实循环神经网络的训练过程和前面介绍的前馈神经网络有很多共同之处，因此可以共用很多技术和算法。我们除了可以使用梯度下降和改版的反向传播算法来训练循环神经网络，也可以使用正规化技术提升模型的泛化能力，使用损失函数评价循环神经网络的拟合效果。总之，虽然循环神经网络是一个新的网络结构，但前面讲到的很多技术都适用。

在定义完损失函数之后，我们依然可以使用前面学习过的一些优化算法完成模型的训练。需要注意的是：理论上循环神经网络可以支持任意长度的序列，然而在实际训练过程中，如果序列过长，一方面会导致训练时出现梯度消失和梯度爆炸的问题；另一方面，展开后的循环神经网络会占用过大的内存，所以在实际应用中我们一般会定义一个最大长度，当序列长度超过该长度后会对序列进行截断。

总之，循环神经网络的主要特点就是重复使用上一次循环迭代期间产生的计算结果。当然，根据这个定义，还可以构建很多不同的循环神经网络。此外，可以参考维基百科上的循环神经网络介绍，维基百科上介绍了超过 13 种不同的模型。循环神经网络是一种体现随时间动态变化特性的神经网络。因此，循环神经网络在处理时序数据和过程数据时效果特别不错。

6.1.3　Keras 循环层

在 R 语言中，执行简单循环神经网络（simple RNN）过程需要调用 Keras 层函数（layer_simple_rnn）。

代码 6.5：调用 Keras 中的 layer_simple_rnn 函数。

```
layer_simple_rnn(units=32)
```

与之前描述的循环神经网络有一个小的区别：layer_simple_rnn 处理批量数据序列时，和所有其他 Keras 层一样，不是单独处理一个序列。这意味着输入形状是（batch_size, timesteps, input_features），而不是（timesteps, input_features）。与 Keras 中的所有循环层相同，layer_simple_rnn 可以以两种不同的方式运行：它可以返回每个时间步的连续输出的完整序列（一个三维张量形状）或仅最后一个（batch_size, timesteps, output_features）输入序列的输出 [二维张量形状（batch_size, output_features）]。这两种模式由 return_sequences 控制构造函数参数。让我们看一个使用 layer_simple_rnn 并返回最后一个状态的示例。

代码 6.6：返回最终状态的简单循环神经网络。

```
library(keras)
model <- keras_model_sequential() %>%
  layer_embedding(input_dim=10000, output_dim=32) %>%
  layer_simple_rnn(units=32)

summary(model)

## Model: "sequential"
## _____
## Layer (type)               Output Shape            Param #
## ====================================================================
## embedding (Embedding)      (None, None, 32)        320000
##
## _____
## simple_rnn_1 (SimpleRNN)   (None, 32)              2080
## ====================================================================
## Total params: 322,080
## Trainable params: 322,080
## Non-trainable params: 0
## _____
```

代码 6.7：返回完整状态的简单循环神经网络。

```
model <- keras_model_sequential() %>%
  layer_embedding(input_dim=10000, output_dim=32) %>%
  layer_simple_rnn(units=32, return_sequences=TRUE)
```

```
summary(model)

## Model: "sequential_1"
## _____
## Layer (type)                    Output Shape              Param #
## ====================================================================
## embedding_1 (Embedding)         (None, None, 32)           320000
##
## _____
## simple_rnn_2 (SimpleRNN)        (None, None, 32)           2080
## ====================================================================
## Total params: 322,080
## Trainable params: 322,080
## Non-trainable params: 0
## _____
```

有时候，为了增强网络的代表能力，可以像正向神经网络一样，一个接一个地堆叠几个循环层。但在这样的设置中，所有中间层必须返回完整的序列。

代码 6.8：搭建多层简单循环神经网络。

```
model <- keras_model_sequential() %>%
  layer_embedding(input_dim=10000, output_dim=32) %>%
  layer_simple_rnn(units=32, return_sequences=TRUE) %>%
  layer_simple_rnn(units=32, return_sequences=TRUE) %>%
  layer_simple_rnn(units=32, return_sequences=TRUE) %>%
  layer_simple_rnn(units=32)    #最后一层只返回最终输出，不包括中间结果
```

以循环神经网络的思想为基础，网络可以进一步扩展为更多的循环层，这会提升网络在此类序列数据上的预测效果。下面让我们来看一些改进后的循环神经网络层。

6.1.4 理解 LSTM

首先我们来解释一下循环神经网络为什么会遇到长期记忆消失的问题。我们知道循环神经网络的特性之一就是可以将先前的信息连接到当前的任务上，例如，使用过去的语言输入来推测当前输入的具体内容，例如，当输入是"皇帝的女儿是公主"时，模型的任务就是基于输入"皇帝的女儿是"预测输出"公主"。这只是简单的示例，在这个例子中相关信息和预测词位置之间的间隔是非常小的，如图 6.1.4 所示，因此循环神经网络可以学会使用先前的信息，获得准确的输出。

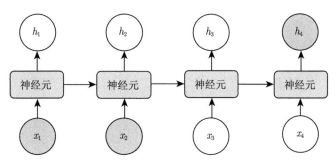

图 6.1.4 相关信息和目标输出间隔较短的情况

但是如果将情景变得复杂，例如，我们试着去预测"老舍先生出生在北京，男，原名舒庆春，字舍予，另有笔名絜青、鸿来、非我等，能够熟练运用中文"。对于最后的"中文"一词，当前信息建议的下一个词可能是一种语言的名字，但是如果我们需要弄清楚是什么语言，需要先前提到的离当前位置很远的"北京"的上下文。这说明这个例子中相关信息和当前预测位置之间的间隔比较大，如图 6.1.5 所示。当这个间隔不断增大时，就会产生梯度消失问题。梯度消失问题的通常表现就是在反向传播的时候梯度越变越小，使前面的层的学习非常缓慢。尤其是在循环神经网络中，梯度消失问题尤为严重，这是因为在循环神经网络中梯度不仅通过层进行反向传播，还会根据时间进行反向传播。因此网络一旦出现梯度不稳定的情况，往往就难以学到有价值的信息，以至于不再适用于这类问题。

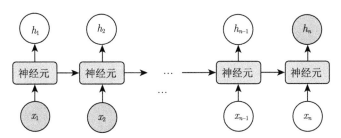

图 6.1.5 相关信息和目标输出间隔较长的情况

LSTM 的设计就是为了解决这个问题。LSTM 让循环神经网络训练变得相当简单，很多近期的论文都使用了 LSTM 或者相关的想法。在 Keras 中，可以通过代码 layer_lstm 轻松搭建一个 LSTM 层。另外一个比较常用的循环层是 GRU（gated recurrent unit），它是 LSTM 的一个变体，在保持了 LSTM 效果的同时结构更加简单，在 Keras 中，可以通过代码 layer_gru 来搭建一个 GRU 层。

LSTM 层是简单循环神经网络的变体，它增加了一个可以跨越许多时间点的信息保留方式。想象一下，假如在处理的序列中平行存在一条传送带，序列中的信息可以通过传送带跳转到任何一点。在后续的时间点上，当需要它时，它就能从传送带上下来，这就是 LSTM 的基本逻辑，因此它可以保存信息，防止信息在处理的过程中逐渐消失。为了详细了解这一点，我们从简单的循环神经网络单元开始，如图 6.1.6 所示。因为我们将拥有大量的权重矩阵，所以将索引单元格中的 W 和 U 矩阵加下角标 o（W_o 和 U_o）

来表示输出。

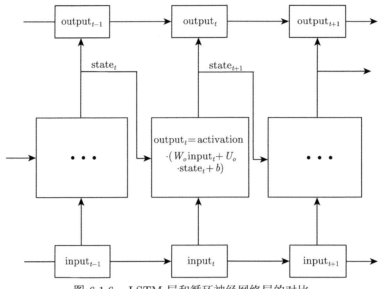

图 6.1.6　LSTM 层和循环神经网络层的对比

　　让我们在图 6.1.6 中添加一个可以在不同时间点传递信息的数据流。可以在不同的时间点调用该值，为了表示调用点位置不同，记为 C_t，其中 C 表示随身携带的信息。信息数据流中携带的信息将对后续单元格产生以下影响：它将与输入信息 input_t 和循环计算结果 state_t 共同影响 $t+1$ 时刻的输出 output_{t+1}（通过外积转换：带有 activation 的点积权重矩阵后跟着偏置加法和激活函数的应用），也会影响被发送到下一个时间步的状态（通过激活函数 activation 乘法运算）。从概念上讲，携带数据流是一种调节下一个数据流输出和状态的方法，如图 6.1.7 所示。

$$\text{output}_t = \text{activation}(W_o\text{input}_t + U_o\text{state}_t + V_oC_t + b_o)$$

　　现在看一下这个方法的精妙之处：数据流的下一时间点输出值的计算方法涉及三种变换，这三种变换都与简单循环神经网络形式相同。

　　但是所有三种变换都有自己的权重矩阵，可以用字母 i、f 和 k 表示。这是到目前为止我们所拥有的模型架构。

　　代码 6.9：LSTM 体系结构的伪代码细节（1/2）。

```
output_t <- activation(dot(state_t,Uo)+dot(input_t,Wo)+dot(C_t,Vo)+bo)

i_t <- activation(dot(state_t,Ui)+dot(input_t,Wi)+bi)
f_t <- activation(dot(state_t,Uf)+dot(input_t,Wf)+bf)
k_t <- activation(dot(state_t,Uk)+dot(input_t,Wk)+bk)
```

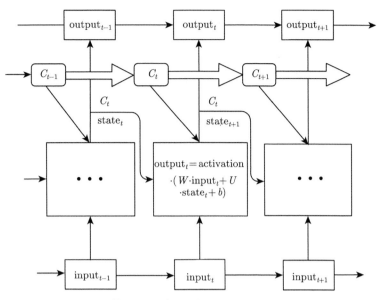

图 6.1.7 从简单循环神经网络到 LSTM：添加进位轨迹

通过组合 i_t、f_t 和 k_t 获得新的携带状态（下一个 C_t）。

代码 6.10：LSTM 体系结构的伪代码细节（2/2）。

```
c_t+1 <- i_t*k_t+c_t*f_t
```

添加后，模型如图 6.1.8 所示，LSTM 就介绍完了。

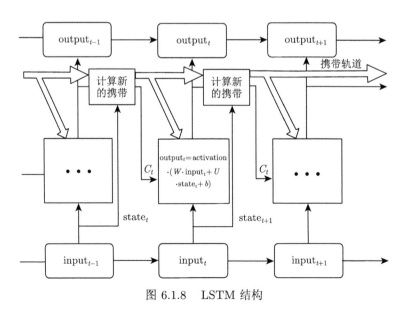

图 6.1.8 LSTM 结构

如果想从本质上理解 LSTM，可以从解释每一步操作的含义开始。例如，可以说 C_t 与 f_t 相乘是故意忘记数据流中的无关信息。与此同时，i_t 和 k_t 提供了当前的新信息，该信息可以用于更新跨时间点数据流携带的信息。但归根结底，这些解释并没有多大意义，因为这些运算的实际效果是由参数的权重决定的，而权重是以端到端的方式进行学习的，每次训练都要从头开始，不可能为某个运算赋予特定的目的。循环神经网络单元的类型（如前所述）决定了假设空间，我们需要在训练期间找到一个良好的模型参数取值，但它并不能决定循环神经网络单元的作用，循环神经网络单元的作用是由单元权重决定的。同一个单元，若具有不同的权重，就可以实现完全不同的作用。因此，组成循环神经网络单元的运算组合，可以更好地解释为寻找最优解的一组约束，而不是一种工程意义上的设计。

对于研究人员来说，这种约束的选择（即如何实现循环神经网络单元）似乎最好留给最优化算法来完成（如遗传算法或强化学习过程），而不是让人类工程师来完成。在未来，那将是我们构建网络的方式。总之，我们不需要理解关于 LSTM 单元具体架构的任何内容，只需要记住 LSTM 单元的作用：允许过去的信息稍后重新进入模型，从而解决梯度消失的问题。

6.1.5　总结

现在我们已经了解了以下内容。

（1）循环神经网络是什么以及它们如何工作。

（2）什么是 LSTM，以及为什么它在长序列上比循环神经网络更好。

（3）如何使用 Keras 的循环神经网络层处理序列数据。

接下来，我们将介绍循环神经网络的一些更高级的功能，并在一组数值型序列数据上使用这些功能，在充分利用深度学习序列模型时，它们可以为我们提供帮助。

6.2　数值型序列数据上的循环神经网络

6.1 节中介绍了循环神经网络基本概念和使用 Keras 建立循环神经网络的大部分知识。本节将给出一个数值型数据序列，其中保存了位于德国耶拿的马克斯-普朗克生物地球化学气象站研究所记录天气的时间序列数据集，我们的目标是在这个数据集上建立一个循环神经网络模型。

6.2.1　气温预测问题

这个数据集中记录了每十分钟 14 个不同的大气状态变量（如气温、大气压、湿度、风向等），本例仅使用 2009~2019 年的数据。该数据集非常适合用于数值型时间序列的学习，当然也可以用最近几年的数据建立模型，或者输入一些数据（几天的数据）来预测未来 24 小时的气温。

代码 6.11：下载和解压数据。

```r
dir.create("C:/data/deeplearning/jena_climate", recursive=TRUE)
download.file(
  "https://s3.amazonaws.com/keras-datasets/jena_climate_2009_2016.csv.
      zip",
  "C:/data/deeplearning/jena_climate/jena_climate_2009_2016.csv.zip"
)
unzip(
  "C:/data/deeplearning/jena_climate/jena_climate_2009_2016.csv.zip",
  exdir="E:/data/deeplearning/jena_climate"
)
```

请看如下数据。

代码 6.12：查看 Jena 天气数据集的数据。

```r
library(tibble)
library(readr)
data_dir <- "c:/data/deeplearning/jena_climate"
fname <- file.path(data_dir, "jena_climate_2009_2019.csv")
data <- read_csv(fname)

## Parsed with column specification:
## cols(
##   `Date Time`=col_character(),
##   `p (mbar)`=col_double(),
##   `T (degC)`=col_double(),
##   `Tpot (K)`=col_double(),
##   `Tdew (degC)`=col_double(),
##   `rh (%)`=col_double(),
##   `VPmax (mbar)`=col_double(),
##   `VPact (mbar)`=col_double(),
##   `VPdef (mbar)`=col_double(),
##   `sh (g/kg)`=col_double(),
##   `H2OC (mmol/mol)`=col_double(),
##   `rho (g/m**3)`=col_double(),
##   `wv (m/s)`=col_double(),
##   `max. wv (m/s)`=col_double(),
##   `wd (deg)`=col_double()
```

```
## )

glimpse(data)

## Observations: 578,188
## Variables: 15
## $ `Date Time`        <chr> "01.01.2009 00:10:00",
                             "01.01.2009 00:20:00", "01...
## $ `p (mbar)`         <dbl> 996.52, 996.57, 996.53, 996.51, 996.51,
                             996.50, 9...
## $ `T (degC)`         <dbl> -8.02, -8.41, -8.51, -8.31, -8.27, -8.05,
                             -7.62, ...
## $ `Tpot (K)`         <dbl> 265.40, 265.01, 264.91, 265.12, 265.15,
                             265.38, 2...
## $ `Tdew (degC)`      <dbl> -8.90, -9.28, -9.31, -9.07, -9.04, -8.78,
                             -8.30, ...
## $ `rh (%)`           <dbl> 93.3, 93.4, 93.9, 94.2, 94.1, 94.4, 94.8,
                             94.4, 9...
## $ `VPmax (mbar)`     <dbl> 3.33, 3.23, 3.21, 3.26, 3.27, 3.33, 3.44,
                             3.44, 3...
## $ `VPact (mbar)`     <dbl> 3.11, 3.02, 3.01, 3.07, 3.08, 3.14, 3.26,
                             3.25, 3...
## $ `VPdef (mbar)`     <dbl> 0.22, 0.21, 0.20, 0.19, 0.19, 0.19, 0.18,
                             0.19, 0...
## $ `sh (g/kg)`        <dbl> 1.94, 1.89, 1.88, 1.92, 1.92, 1.96, 2.04,
                             2.03, 1...
## $ `H2OC (mmol/mol)`  <dbl> 3.12, 3.03, 3.02, 3.08, 3.09, 3.15, 3.27,
                             3.26, 3...
## $ `rho (g/m**3)`     <dbl> 1307.75, 1309.80, 1310.24, 1309.19,
                             1309.00, 1307...
## $ `wv (m/s)`         <dbl> 1.03, 0.72, 0.19, 0.34, 0.32, 0.21, 0.18,
                             0.19, 0...
## $ `max. wv (m/s)`    <dbl> 1.75, 1.50, 0.63, 0.50, 0.63, 0.63, 0.63,
                             0.50, 0...
## $ `wd (deg)`         <dbl> 152.3, 136.1, 171.6, 198.0, 214.3, 192.7,
                             166.5, ...
```

```
head(data)
```

```
## # A tibble: 6 x 15
##   `Date Time` `p (mbar)` `T (degC)` `Tpot (K)` `Tdew (degC)` `rh (%)`
##   <chr>           <dbl>      <dbl>      <dbl>         <dbl>    <dbl>
## 1 01.01.2009~      997.      -8.02       265.         -8.9     93.3
## 2 01.01.2009~      997.      -8.41       265.         -9.28    93.4
## 3 01.01.2009~      997.      -8.51       265.         -9.31    93.9
## 4 01.01.2009~      997.      -8.31       265.         -9.07    94.2
## 5 01.01.2009~      997.      -8.27       265.         -9.04    94.1
## 6 01.01.2009~      996.      -8.05       265.         -8.78    94.4
## # ... with 9 more variables: `VPmax (mbar)` <dbl>, `VPact (mbar)`
## #     <dbl>, `VPdef
## #   (mbar)` <dbl>, `sh (g/kg)` <dbl>, `H2OC (mmol/mol)` <dbl>, `rho
## #   (g/m**3)` <dbl>, `wv (m/s)` <dbl>, `max. wv (m/s)` <dbl>, `
##     wd (deg)` <dbl>
```

以下是温度随时间变化的曲线图，如图 6.2.1 所示。在该图中，可以清楚地看到气温以年度为周期的规律性变化。

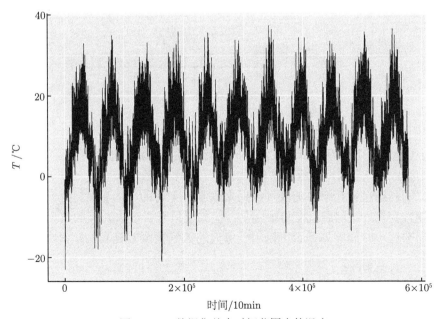

图 6.2.1 数据集整个时间范围内的温度

代码 6.13：绘制温度时间序列。

```
library(ggplot2)
ggplot(data, aes(x=1:nrow(data), y=`T (degC)`)) + geom_line()
```

图 6.2.2 给出数据集中最早 10 天中的气温数据。由于数据每十分钟记录一次，因此每天可获得 144 个数据点。

　　代码 6.14：绘制温度时间序列的前 10 天。

```
ggplot(data[1:1440,], aes(x=1:1440, y=`T (degC)`)) + geom_line()
```

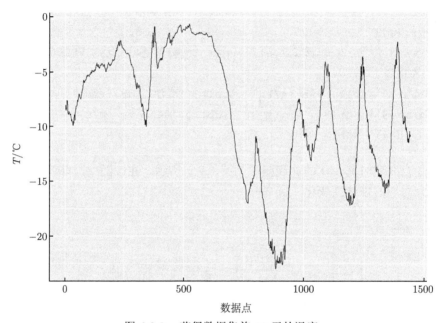

图 6.2.2　获得数据集前 10 天的温度

在图 6.2.2 中，可以看到每天气温的周期化变动，特别是最后 4 天。另外还会发现，这 10 天温度很低，应该是寒冷的冬季。

　　如果试图利用过去几个月的天气数据来预测下个月的平均温度，由于年度温度具有可靠的周期性变化，该问题就变得很容易。但如果只查看过去几天的气温数据，就会比较混乱，那么这个时间序列是否可以用于每天的天气预测？让我们来研究一下。

6.2.2　准备数据

　　问题的确切表述如下：给定可以向前回顾的变量 lookback 以及用于分析的数据间隔（变量 steps），可以通过这些来预测未来（变量 delay）时段的温度吗？例如，可以赋值以下参数。

（1）lookback= 720，回溯观测 5 天内的数据。

（2）steps= 6，观测结果将以每小时一个数据点进行取样。

（3）delay= 144，目标是预测未来 24 小时后的温度。

在开始之前，还需要做两件事。

（1）将数据预处理设置为神经网络可读取的格式。这很简单：数据已经是数字，因此不需要进行任何矢量化。但每个时间序列数据都具有不同的取值范围 [例如，温度通常为 $-20 \sim +30℃$，但压力以 mbar(1 mbar=100 Pa) 为单位，取值约为 1000]，因此需要对每个时间序列变量进行标准化，以便它们具有相同的尺度。

（2）编写一个数据生成函数。这个函数基于当前变量数据数组，并从最近的数据中生成模型的输入变量，同时生成用于预测的目标变量。因为数据集中的样本是高度冗余的（样本 N 和样本 $N+1$ 存在大量共有数据），所以不用明确分配每个样本。相反地，可以使用原始动态数据生成样本数据。

注：生成器函数的作用。生成器函数是一种特殊类型的函数，可以重复调用它来获得有规律的序列。通常，生成器函数需要维护内部状态，因此它们往往需要调用返回生成器函数（返回生成器函数的函数环境，可以用于保存内部状态）。

例如，下面的函数返回一个 sequence_generator() 生成器函数，该函数用于生成一个无限的数字序列。

```
sequence_generator <- function(start) {
  value <- start - 1
  function() {
    value <<- value + 1   #修改外部环境变量
    value
  }
}
gen <- sequence_generator(10)
gen()
```

```
## [1] 10
```

```
gen()
```

```
## [1] 11
```

其中，gen 是一个函数，不是一个变量，value 是一个外部函数变量。

生成器的当前状态是通过外部函数变量（value）记录的。请注意，超级赋值运算符是（«-）用于从函数内更新外部变量取值的操作符，由于会增加代码调试改错的工作量，在代码编写中需谨慎使用。

生成器函数可以通过返回值 NULL 来指示完成。但是，传递给 Keras 训练函数 [如 fit_generator()] 的生成器函数应始终有无限的返回值（生成器函数的调用次数由 epochs 和 steps_per_epoch 参数控制）。

操作符 "«-" 与闭包一起控制状态最有效。闭包就是能够读取其他函数内部变量的函数。在 R 语言中只有函数内部的子函数才能读取局部变量，所以闭包可以理解成 "定义在一个函数内部的函数"。在本质上，闭包是将函数内部和函数外部连接起来的桥梁。下面的示例演示了如何使用此思想生成一系列幂函数。

```r
power <- function(exponent) {
  function(x) x ^ exponent # exponent 为局部变量
}

square <- power(2) #局部变量 exponent 赋值为 2
square(2) # 将 X 赋值为 2, 计算结果为 2^2

## [1] 4

square(4) # 将 X 赋值为 2, 计算结果为 4^2

## [1] 16

cube <- power(3) #局部变量 exponent 赋值为 3
cube(2) # 将 X 赋值为 2, 计算结果为 2^3

## [1] 8

cube(4) # 将 X 赋值为 2, 计算结果为 4^3

## [1] 64
```

"«-" 与通常的单箭头赋值符 "<-" 不同，在子函数中，双箭头运算符可以修改父函数中的变量。这样就可以维护一个计数器，该计数器记录一个函数被调用了多少次，如下例所示。每执行一次 new_counter，就创建一个环境，初始化计数器 i，然后创建一个新函数。

```r
new_counter <- function() {
  i <- 0
  function() {
    # 程序主体
    i <<- i + 1
    i
  }
}
```

新函数是封闭的，其环境也是封闭的。当关闭 counter_one 和 counter_two 时，每个计数器都会在其函数内部修改计数器，然后返回当前计数。

```
counter_one <- new_counter()
counter_two <- new_counter()

counter_one() #-> [1] 1

## [1] 1

counter_one() #-> [1] 2

## [1] 2

counter_two() #-> [1] 1

## [1] 1
```

首先，需要将之前 R 语言读取的数据框数据转换为矩阵数据（我们将丢弃包含文本格式时间戳的第一列）。

代码 6.15：将数据转换为浮点矩阵。

```
data <- data.matrix(data[,-1])
```

然后，将每个时间序列通过减去平均值并除以标准差来实现数据标准化预处理。将使用前 200 000 个时间步作为训练数据，因此仅针对此部分数据计算归一化的均值和标准差。

代码 6.16：数据标准化。

```
train_data <- data[1:200000,]
mean <- apply(train_data, 2, mean)
std <- apply(train_data, 2, sd)
data <- scale(data, center=mean, scale=std)
```

代码 6.17 给出了我们将使用的数据生成器。它产生一个列表（samples，targets），其中 samples 是一批输入数据，targets 是需要预测的目标温度数组。它需要设定以下参数。

（1）data：在代码 6.16 中标准化的原始数组或浮点数据。

（2）lookback：输入数据应该包括过去多少个时间步。

（3）delay：目标应该是未来的多少个时间步。

（4）min_index 和 max_index：data 数组的索引。用于将数据分割成不同的组（如训练组、验证组和测试组）。

（5）shuffle：是打乱样本后取样，还是按顺序抽取样本。

（6）batch_size：每批样本数。

（7）step：采样数据的时间段，以时间步长将其设置为 6，以便每小时获得一个数据点。

代码 6.17：生成时间序列样本数据及其对应的目标数据的数据生成器。

```
generator <- function(data,
                      lookback,
                      delay,
                      min_index,
                      max_index,
                      shuffle=FALSE,
                      batch_size=128,
                      step=6) {

  if (is.null(max_index))
    max_index <- nrow(data)-delay-1

  i <- min_index+lookback

  function() {
    if (shuffle) {
      rows <- sample(c((min_index+lookback):max_index), size=batch_size)
    } else {
      if (i+batch_size>=max_index)
        i <<- min_index+lookback
      rows <- c(i:min(i+batch_size, max_index))
      i <<- i+length(rows)
    }

    samples <- array(0,dim=c(length(rows),
    lookback/step,
    dim(data)[[-1]]))
    targets <- array(0, dim=c(length(rows)))
```

```
  for (j in 1:length(rows)) {
    indices <- seq(rows[[j]] - lookback, rows[[j]],
    length.out=dim(samples)[[2]])
    samples[j,,] <- data[indices,]
    targets[[j]] <- data[rows[[j]]+delay,2]
  }

  list(samples, targets)
  }
}
```

变量 i 包含跟踪要返回的下一个数据窗口的状态,因此使用外部参数对它进行更新,如 i «- i + length(rows)。

现在,让我们使用抽象函数来实例化三个生成器:一个用于生成训练集,一个用于生成验证集,一个用于生成测试集。每个都将查看原始数据的不同时间段,训练数据生成器读取前 200 000 个时点数据,验证数据生成器读取之后的 100 000 个数据,测试数据生成器读取剩余部分数据。

代码 6.18:准备训练数据生成器、验证数据生成器和测试数据生成器。

```
lookback <- 1440
step <- 6
delay <- 144
batch_size <- 128
train_gen <- generator(
  data,
  lookback=lookback,
  delay=delay,
  min_index=1,
  max_index=200000,
  shuffle=TRUE,
  step=step,
  batch_size=batch_size
)

val_gen=generator(
  data,
  lookback=lookback,
  delay=delay,
```

```
    min_index=200001,
    max_index=300000,
    step=step,
    batch_size=batch_size
)

test_gen <- generator(
    data,
    lookback=lookback,
    delay=delay,
    min_index=300001,
    max_index=NULL,
    step=step,  batch_size=batch_size
)

# 从 val_gen 中抽取多少步骤以查看整个验证集
val_steps <- (300000 - 200001 - lookback) / batch_size
# 从 test_gen 中抽取多少步骤以查看整个测试集
test_steps <- (nrow(data) - 300001 - lookback) / batch_size
```

6.2.3   一种常识性模型

在开始使用深度学习黑盒模型来解决温度预测问题之前，我们尝试一种简单的常识性方法。作为一个模型有效性的检验，它将建立一个必须超越的基准线，以证明更复杂的机器学习模型是必要的。当我们正在处理未知解决方案的新问题时，这些常识基准线会很有用。一个典型的例子是不平衡的分类任务，其中某些类比其他类更常见。如果数据集包含 90% 的 A 类实例和 10% 的 B 类实例，那么分类任务的常识方法是在出现新样本时总是预测 A。这样的分类器在总体上是 90% 的准确率，因此任何基于学习的方法的准确率都应该超过 90%，这样才可以证明模型是有价值的。但是有些时候这样的基准线可能是难以超越的。在本节的例子中，可以假设温度时间序列是连续的（明天的温度可能接近今天的温度）以及具有每日的周期。因此，根据常识性的方法，将始终预测从现在起 24 小时后的温度等于现在的温度。让我们使用 MAE 度量来评估这种方法：

$$\text{MAE} = \frac{1}{n} \sum_{t=1}^{n} |\text{preds} - \text{targets}|$$

式中，preds 表示预测值；targets 表示目标值；n 表示包含 n 个值。

下面计算评估指标，评估模型效果。

代码 6.19：计算常识基准线 MAE。

```
evaluate_naive_method <- function() {
  batch_maes <- c()
  for (step in 1:val_steps) {
    c(samples, targets) %<-% val_gen()
    preds <- samples[,dim(samples)[[2]],2]
    mae <- mean(abs(preds - targets))
    batch_maes <- c(batch_maes, mae)
  }
  print(mean(batch_maes))
}
evaluate_naive_method()
```

```
## [1] 0.2775185
```

计算得到的 MAE 约为 0.2775。由于温度数据已经标准化为以 0 为中心,标准偏差为 1,具体含义并不明确。将它转换为 MAE 为 0.2775× 标准差 ℃,即误差约为 2.57℃。

代码 6.20:将 MAE 转换回摄氏度偏差。

```
celsius_mae <- 0.2775 * std[[2]]
celsius_mae
```

```
## [1] 2.567231
```

这是一个比较大的 MAE。下面利用深度学习知识来得到更好的预测模型。

6.2.4 一种基本的机器学习方法

如同在学习机器学习方法之前建立常识基准线一样,在研究复杂且计算成本高昂的模型之前,尝试简单、廉价的机器学习模型(如小型密集连接的网络)是必要的。这是解决任何复杂性问题的合理方法,也是寻找最佳方法的一个过程。

下面的代码显示了一个完全连接的模型,该模型从展平数据开始,然后通过两个密集层学习数据中蕴含的信息。请注意,最后一个密集层没有使用激活函数,这是回归问题的典型特征。模型中使用 MAE 作为损失函数,由于正在评估完全相同的数据,使用与常识方法完全相同的指标,模型将直接具有可比性。

代码 6.21:训练和评估密集连接的模型。

```
library(keras)
model <- keras_model_sequential() %>%
  layer_flatten(input_shape=c(lookback/step, dim(data)[-1])) %>%
```

```
  layer_dense(units=32, activation="relu") %>%
  layer_dense(units=1)

summary(model)

## Model: "sequential_3"
## _____
## Layer (type)            Output Shape            Param #
## ================================================================
## flatten (Flatten)       (None, 3360)            0
## _____
## dense (Dense)           (None, 32)              107552
## _____
## dense_1 (Dense)         (None, 1)               33
## ================================================================
## Total params: 107,585
## Trainable params: 107,585
## Non-trainable params: 0
## _____

model %>% compile(
  optimizer=optimizer_rmsprop(),
  loss="mae"
)

history <- model %>% fit_generator(
  train_gen,
  steps_per_epoch=500,
  epochs=20,
  validation_data=val_gen,
  validation_steps=val_steps
)
```

下面来看训练集和验证集上的损耗曲线，如图 6.2.3 所示。

代码 6.22：绘制结果。

```
plot(history)
```

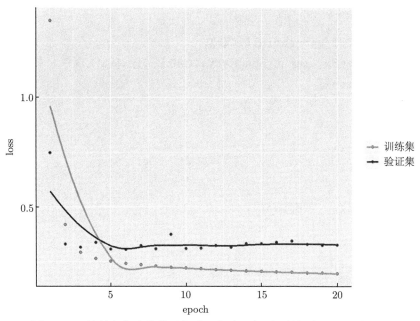

图 6.2.3 简单密集连接的网络对耶拿城温度预测的拟合误差和验证误差

此学习方法在验证集上的损失接近不包含学习方法的基准线，但这个结果并不可靠。这也表明前面设立这个基准线的好处：事实证明这个基准线不容易超越。由此可见，我们的常识中包含很多有价值的信息，但机器学习模型无法利用这些信息。

读者可能想知道，如果从数据到目标之间存在一个简单且表现良好的模型（基于常识的基准线方法），那么正在训练的模型为什么没有找到这个模型并进行进一步改进呢？有两种可能，第一种可能是，模型空间可能比较简单，并不包括需要的模型结构。第二种可能是，构建的模型空间足够复杂，已经包括需要的模型，但是学习过程没有收敛到这个简单的模型。一般来说，这是机器学习的一个重要的限制：除非学习算法是硬编码寻找一种特定的简单模型，否则参数学习有时候是找不到问题的简单解决方案的。

6.2.5 第一个循环网络基准

上一个全连接的方法做得不好，但这并不意味着机器学习不适用于此问题。之前的方法首先包括将时间序列展平，原始输入数据本身是一个序列，其中因果关系和秩序很重要，但上一个深度学习模型在展平数据时，从输入数据中删除了时间的概念。

接下来将尝试循环神经网络模型处理序列数据，因为它利用了数据的时间顺序，它应该是这种序列数据的最佳模型选择，这是与上一个方法的不同之处。

本问题将使用 6.1 节中介绍的 LSTM 层来解决。

代码 6.23：训练并评估一个基于 LSTM 的模型。

```
library(keras)
model <- keras_model_sequential() %>%
  layer_lstm(units=32, input_shape=list(NULL, dim(data)[[-1]])) %>%
  layer_dense(units=1)



summary(model)

model %>% compile(
  optimizer=optimizer_rmsprop(),
  loss="mae"
)

history <- model %>% fit_generator(
  train_gen,
  steps_per_epoch=500,
  epochs=20,
  validation_data=val_gen,
  validation_steps=val_steps
)
```

下面显示验证和训练的损失曲线，如图 6.2.4 所示。

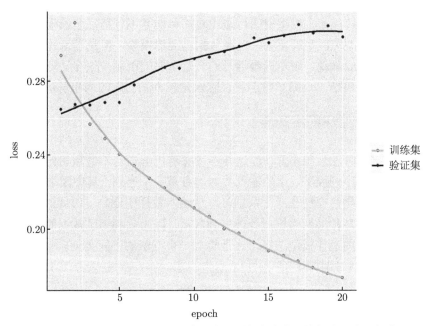

图 6.2.4   显示 LSTM 在耶拿温度预测任务上的训练损失和验证损失

代码 6.24：绘制结果。

```
plot(history)
```

我们可以看到，显示的模型结果远优于基于常识的基准线方法，这展示了机器学习的价值，以及与序列展平加密集网络相比，循环神经网络在处理这类任务上的优越性。

新模型在验证数据上 MAE 约为 0.265（在开始显著过拟合之前），转换成温度的平均绝对误差为 2.35℃。与初始误差为 2.57℃ 相比，这个结果确实有所提高，但可能仍存在改进的空间。

6.3 复杂循环神经网络

前面学习了循环神经网络模型，并用其建立了一个温度预测模型，但这个模型还很简单，没有优化，本节将介绍三种有利于提高循环神经网络性能和推广泛化能力的高级技巧，用于温度预测模型的改进。

（1）在循环神经网络中使用的 Dropout 和前面章节介绍的 Dropout 不同，在循环神经网络中使用的针对循环神经网络改进后的特定内置方式，可以使用 Dropout 来减少循环层的过拟合。

（2）堆叠循环层：通过多层叠加增加网络的表现力（代价是较高的计算负荷）。

（3）双向循环层：它们以不同的方式将相同的信息呈现给一个循环神经网络，从而提高准确性，减轻遗忘问题。

6.3.1 使用循环 Dropout 来降低过拟合

从训练曲线和验证曲线中可以看出，模型表现出明显的过拟合：在几轮训练之后，模型在训练集上的损失函数值和在验证集上的损失函数值开始明显偏离。前面章节介绍过降低过拟合的一种经典技术：Dropout，即将某一层的输入单元随机设为 0，其目的是打破该层训练数据中的偶然相关性。但在循环神经网络中如何正确地使用 Dropout，并不是一个简单的问题。人们早就知道，在循环层中运用 Dropout 会阻碍学习过程，而不是对学习过程产生帮助。

Gal (2016) 在关于贝叶斯深度学习的博士论文中确定了与循环神经网络一起正确使用 Dropout 的方法：对每个时间步应该使用相同的 Dropout 掩码（Dropout mask，相同模式的舍弃单元），而不是让 Dropout 掩码随着时间步的增加而随机变化。更重要的是，为了对 GRU、LSTM 等循环层得到的表示做正则化，应该将不随时间变化的 Dropout 掩码应用于层的内部循环激活（叫作循环 Dropout 掩码）。对每个时间步都使用相同的 Dropout 掩码，可以让网络沿时间正确地传播其学习误差，而一个随时间随机变化的 Dropout 掩码会破坏这个误差信号传播，从而影响学习过程。

Gal 使用 Keras 开展这项研究，并将这种机制直接内置到 Keras 循环层。Keras 中的每个循环层都有两个与 Dropout 相关的参数：一个是 dropout，它是一个浮点数，指定该层输入单位的 Dropout 比率；另一个是 recurrent_dropout，指定循环单元的 Dropout 比率。我们向 layer_gru（GRU 层）添加 dropout 和 recurrent_dropout，看看它如何影响过拟合。因为使用 Dropout 正则化的网络总是需要更长时间才能完全收敛，所以网络训练周期增加为原来的 2 倍。

代码 6.25：训练和评估一个使用 Dropout 正则化的 LSTM 模型。

```
model <- keras_model_sequential() %>%
  layer_lstm(units=32, dropout=0.2, recurrent_dropout=0.2,
             input_shape=list(NULL, dim(data)[[-1]])) %>%
  layer_dense(units=1)

model %>% compile(
  optimizer=optimizer_rmsprop(),
  loss="mae"
)

history <- model %>% fit_generator(
  train_gen,
  steps_per_epoch=500,
  epochs=40,
  validation_data=val_gen,
  validation_steps=val_steps
)
```

下面显示验证和训练的损失曲线，如图 6.3.1 所示。

代码 6.26：绘制结果。

```
plot(history)
```

图 6.3.1 显示实验结果很成功，在前 20 个轮次中不再过拟合。虽然新模型在验证集上表现得更加稳健，但模型的最佳分数并没有比以前低多少。

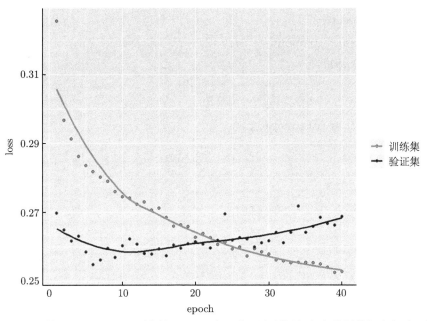

图 6.3.1 使用 Dropout 正则化的 LSTM 在耶拿温度预测任务上的训练损失和验证损失

6.3.2 循环层堆叠

虽然模型不再过拟合，但似乎遇到了性能瓶颈，所以我们应该考虑增加网络的容量。回想一下机器学习的通用工作流程，会发现增加网络容量通常是个好主意，直到过拟合成为主要障碍（假设已经采取基本步骤来缓解过拟合，如使用 Dropout）。只要过拟合不是太严重，那么学习不足的主要原因很可能是模型网络容量不足，模型的假设空间没有包括最优模型。

通常增加网络容量的方法有增加每层单元数或添加更多层数。循环层堆叠是构建更加强大的循环网络的经典方法，例如，目前支持谷歌翻译的内容算法就是七个大 LSTM 层的堆栈，这个架构是巨大的。要在 Keras 中逐个堆叠循环层，所有中间层都应该返回它们完整的输出序列（三维张量）而不是只返回最后一个时间步的输出。这是通过设置参数 return_sequences = TRUE 来完成的。

代码 6.27：训练和评估一个使用 Dropout 正则化的堆叠 LSTM 模型。

```
model <- keras_model_sequential() %>%
  layer_lstm(units=32,
             dropout=0.1,
             recurrent_dropout=0.5,
             return_sequences=TRUE,
             input_shape=list(NULL, dim(data)[[-1]])) %>%
  layer_lstm(units=64, activation="relu",
```

```
            dropout=0.1,
            recurrent_dropout=0.5) %>%
  layer_dense(units=1)

model %>% compile(
  optimizer=optimizer_rmsprop(),
  loss="mae"
)

history <- model %>% fit_generator(
  train_gen,
  steps_per_epoch=500,
  epochs = 40,
  validation_data=val_gen,
  validation_steps=val_steps
)
```

下面显示验证和训练的损失曲线，如图 6.3.2 所示。

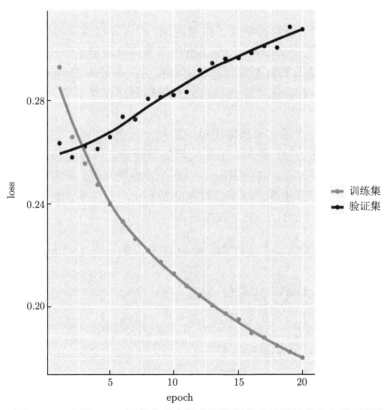

图 6.3.2　多层 GRU 网络在耶拿温度预测任务上的训练损失和验证损失

代码 6.28：绘制结果。

```
plot(history)
```

从图 6.3.2 可以看到，添加一层确实改进了模型结果，但并不显著。因此我们可以得出两个结论。

（1）因为过拟合仍然不是很严重，所以可以放心地增大每层的大小，以进一步改进验证损失，但这会延长计算时间。

（2）因为添加一层后模型并没有显著改进，所以可能会看到提高网络能力的回报在逐渐减小。

6.3.3　使用双向循环神经网络

在增加模型容量带来的改善效果有限的情况下，一个好的选择是改变模型结构。本节介绍最后一种方法，该方法称为双向循环神经网络。双向循环神经网络是一种常见的循环神经网络变体，其可以在某些任务上提供比常规循环神经网络更好的性能。它经常用于自然语言处理，可谓是深度学习处理自然语言的利器。循环神经网络特别依赖于顺序或时间，它们按顺序处理输入序列的时间步，并且改组或反转时间步可以完全更改循环神经网络从序列中提取的表示。正是由于这个原因，如果顺序对问题很重要，循环神经网络的表现会很好。例如，温度预测问题。双向循环神经网络利用了循环神经网络的顺序敏感性，使用了两个普通循环神经网络，如 layer_gru 和 layer_lstm（时间正序和时间逆序），然后将它们的表示合并在一起。通过这两种方式处理序列，使双向循环神经网络可以捕获被单向循环神经网络忽略的模式。

值得注意的是，本节中的循环神经网络层已经按时间正序处理序列（更早的时间步在前），这可能是一个随意的决定。但至少这是我们迄今为止还没有试图质疑的决定。例如，如果循环神经网络以时间逆序处理输入序列（更晚的时间步在前），能否表现得足够好呢？让我们在实践中尝试这一种方法，看看会发生什么。我们只需要编写一个数据生成器的变体，其中将输入序列沿着时间维度反转 [将最后一行代码替换为（samples[，ncol（samples）：1，]，targets）]。本节第一个实验用到了一个单 GRU 层的网络，我们训练一个与之相同的网络，得到的结果如代码 6.29 所示。

代码 6.29：时间逆序处理序列数据生成器产生。

```
generator <- function(data, lookback, delay, min_index, max_index,
                      shuffle=FALSE, batch_size=128, step=6)

  {
  if (is.null(max_index))
 max_index <- nrow(data) - delay - 1
 i <- min_index + lookback
```

```r
function() {
 if (shuffle) {
  rows <- sample(c((min_index+lookback):max_index), size=batch_size)
 } else {
 if (i + batch_size >= max_index)
     i <<- min_index + lookback
 rows <- c(i:min(i+batch_size, max_index))
     i <<- i + length(rows)
 }
    samples<-array(0,dim=c(length(rows),
 lookback/step,                              dim(data)[[-1]]))
targets <- array(0, dim=c(length(rows)))
    for (j in 1:length(rows)) {
  indices <- seq(rows[[j]] - lookback, rows[[j]],
 length.out=dim(samples)[[2]])
 samples[j,,] <- data[indices,]
 targets[[j]] <- data[rows[[j]] + delay,2]
  }
    list(samples[, ncol(samples):1, ], targets)
  }
}


library(keras)
model <- keras_model_sequential() %>%
   layer_lstm(units=32, input_shape=list(NULL, dim(data)[[-1]])) %>%
   layer_dense(units=1)


summary(model)

model %>% compile(
  optimizer=optimizer_rmsprop(),
  loss="mae"
)

history <- model %>% fit_generator(
  train_gen,
  steps_per_epoch=500,
```

```
epochs=20,
validation_data=val_gen,
validation_steps=val_steps
)
```

我们绘制了模型在训练集和验证集上的损失曲线，如图 6.3.3 所示。

代码 6.30：绘制结果。

```
plot(history)
```

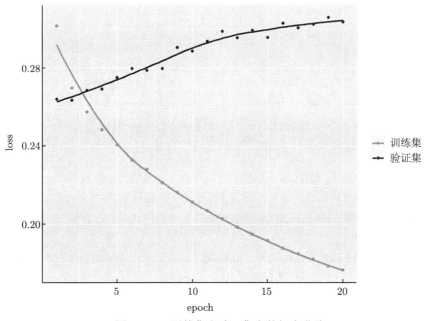

图 6.3.3   训练集和验证集上的损失曲线

图 6.3.3 给出了对于耶拿温度预测任务，LSTM 在逆序序列上训练得到的训练损失和验证损失，逆序 LSTM 的效果甚至比基于常识的基准线方法还要差很多，这表明在这种情况下，按时间正序处理对于成功解决问题非常重要。主要是因为，底层 LSTM 层通常会更善于记得最近的数据，而不是久远的数据。与更早的数据点相比，更靠后的天气数据点对天气预测更有价值（这也是基于常识的基准线方法非常强大的原因）。因此，该层按时间正序的模型是必然会优于时间逆序的模型的。重要的是，对其他许多领域的问题并非如此，包括自然语言处理，直观地说，一个词对理解一个句子的重要性通常并不取决于它在句子中的位置，详见第 7 章的文本数据案例。

双向循环神经网络利用这一想法来改进按时间正序的循环神经网络的性能。它以两种方式查看其输入序列，如图 6.3.4 所示，从而获得更丰富的表示并捕获仅使用正序循环神经网络可能遗漏的模式。

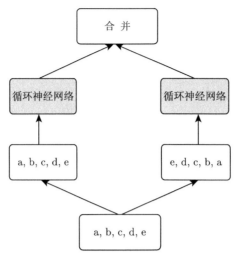

图 6.3.4　双向循环神经网络工作原理

要在 Keras 中将双向循环神经网络实例化，我们可以使用函数 bidirectional()，该函数将循环层实例作为它的第一个参数，而且函数 bidirectional() 对这个循环层创建了第二个单独实例，然后使用一个实例按正序处理输入序列，另一个实例按逆序处理输入序列。现在让我们在温度预测任务上尝试应用这个方法。

代码 6.31：训练双向 GRU。

```
model <- keras_model_sequential() %>%
  bidirectional(
    layer_lstm(units=32), input_shape=list(NULL, dim(data)[[-1]])
  ) %>%
  layer_dense(units=1)

model %>% compile(
  optimizer=optimizer_rmsprop(),
  loss="mae"
)

history <- model %>% fit_generator(
  train_gen,
  steps_per_epoch=500,
  epochs=40,
  validation_data=val_gen,
  validation_steps=val_steps
)
```

我们绘制了模型在训练集和验证集上的损失曲线，如图 6.3.5 所示。

代码 6.32：绘制结果。

```
plot(history)
```

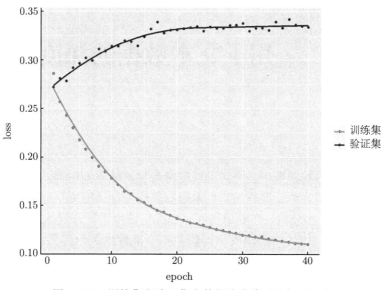

图 6.3.5　训练集和验证集上的损失曲线 (双向 GRU)

它与普通 GRU 层表现得一样好，这很容易理解，所有预测能力必须来自正序部分的网络，因为逆序序列部分网络在此任务上表现非常不好（理由同上，在温度预测问题中，近期数据比久远的前期数据更重要）。

6.3.4　进一步尝试

我们还可以尝试其他许多方法，以提高温度预测问题的效果。

（1）在堆叠循环层中调节每层的单元个数。目前的取值在很大程度上是任意的，因此结果可能不是最优的。

（2）调整 RMSProp 优化器的学习速率。

（3）尝试使用其他循环层代替 LSTM 层。

（4）尝试在循环层的上面使用更大的密集连接的回归器，即更大的密集层甚至密集层的堆叠。

不要忘记最终在测试集上运行性能最佳的模型（在验证 MAE 方面），否则开发的网络架构将会对验证集过拟合。正如前面所说，深度学习更像是一门艺术，而不是一门科学。我们可以提供指导方针，告诉读者在特定问题上哪些方法可能是有效或无效的，但最终，每个问题都是独一无二的，必须根据经验制定不同的策略。目前还没有任何理论可以提前准确地告知应该采取哪些措施来最佳地解决问题，因此需要通过不断迭代来进行调整。

第7章

用于文本数据的深度学习模型

文本数据是常见的数据类型之一,可以理解为字符或单词序列,属于序列数据,常见的分析工作是以单词为单元展开的。文本数据是深度神经网络常见的处理对象,可以用于包括文档分类、情感分析、作者识别甚至在指定语境下回答问题的应用程序。当然,在建模过程中请始终记住,这些深度学习模型都不能像人类一样真正理解文本,相反,这些模型只是可以映射书面语言的统计结构,这种结构可以解决许多简单的文本任务。自然语言处理的深度学习应用于单词、句子和段落的模式识别,其方式与计算机视觉应用于像素的模式识别非常相似,考虑到文本数据的人文特性,本书单独设立一章探讨文本数据(理解为单词或字符序列)的处理。

在前面的章节中,包括第 3 章中处理的文本数据,都是已经转化为数值型的数据。而本章要讨论的是文本型数据建模的全过程,我们将从数据预处理开始,结合第 5 章学习的卷积神经网络和第 6 章介绍的循环神经网络进行建模。

本章的主要内容包括以下几点。

(1)文本数据预处理。

(2)基于卷积神经网络的文本数据分类模型。

(3)基于循环神经网络的文本数据分类模型。

7.1 文本数据预处理

与所有神经网络模型一样,深度学习模型不会将原始文本数据直接作为输入。由于深度学习模型仅适用于数值型张量,所以首先要将文本数据向量化(vectoring)。文本数据向量化是将文本转换为数字张量的过程,根据向量化规模的大小,这一过程可以分为以下三类。

(1)将文本拆分为单词,并将每个单词转换为向量。

（2）将文本拆分为字符，并将每个字符转换为向量[①]。

（3）提取单词或字符的 N 元（N-gram），并将每个 N 元转换为向量。

下面先来了解一下 N 元语法和词袋。N 元语法是从一个句子中提取的（不大于）N 个连续单词的集合。相同的概念也可以应用于字符。举一个简单的例子，对于句子 "This movie is a bomb"，可以分解成以下二元语法（2-gram）的集合：

{"This", "This movie", "is", "is a", "a", "a bomb", "bomb"}

当然也可以分解成以下三元语法（3-gram）的集合：

{"This", "This movie", "is", "is a", "a", "a bomb", "bomb","This movie is","movie is a","is a bomb"}

以上集合分别称为二元语法袋或者三元语法袋。这里的术语 "袋" 指的是正在处理的一组标记组成的集合，而不是列表或序列，即标记没有特定的顺序。这一系列标记化方法称为词袋 (bag-of-words)。

因为词袋不是保持顺序的标记化方法（生成的标记被理解为集合，而不是序列，这会导致句子的语义结构丢失），它多用于浅层语言处理模型而不是深度学习模型。提取 N 元语法是一种特征工程，深度学习消除了这种死板又脆弱的方法，取而代之的是层次特征学习。本章后面介绍的一维回归网络和循环神经网络，它们能够通过查看连续的单词或字符序列来学习单词和字符组的表示，并且无须明确告知这些组的存在。因此，我们不会在本书中进一步介绍 N 元语法。但请记住，在使用轻量级的浅文本处理模型（如逻辑回归和随机森林）时，N 元语法是一个强大的、不可或缺的特征工程工具。

从文本数据提取文本小的片段（如单词、字符或 N 元语法）称为标记（tokens），将文本分解为标记的过程称为分词（tokenization）。所有文本的向量化过程都会应用某种分词方案，然后将数字向量与生成的标记相关联，如图 7.1.1 所示。这些向量组合成的序列张量将被输入深度神经网络中。有多种方法可以将向量与标记相关联，在本节中我们介绍以下两种主要的方法。

文本：			"This movie is a bomb"		
标记：		"The",	"movie",	"is",	"the",	"bomb"
将标记关联到数字向量：	0 1 7	2 2 3	3 3 4	4 0 5	5 5 6

图 7.1.1 从文本到标记，再到向量[②]

（1） One-hot 编码（one-hot encoding）：可以用于字符、单词和词组。

（2） 标记嵌入（token embedded）：通常用于单词和词组，称为词向量。

本节后面的内容会解释这些技术，并展示如何使用它们将原始文本转换为可以发送到 Keras 网络中的张量。

[①] 主要应用于英文文本情况。

[②] 编者译 a bomb 意为 "烂片"，整句翻译为 "这部电影是一部烂片"，the bomb 意为 "棒极了"，整句翻译为 "这部电影棒极了"。

7.1.1 单词和字符的 One-hot 编码

One-hot 编码是将标记转换为向量的最常见、最基本的方法。在第 3 章分析 IMDB 数据集时用到了它，当时都是以单词为标记单元，将每个单词与唯一的整数索引关联，并将此整数索引 i 转换为大小为 N 的二进制向量（N 是词汇表的大小），且除第 i 个条目取值为 1 外，其余向量全为零。

当然，也可以在字符级别进行 One-hot 编码。为了明确地告诉我们 One-hot 编码是什么以及如何实现它，代码 7.1 和代码 7.2 向我们展示了两个示例：一个用于单词，另一个用于字符。

代码 7.1：字级 One-hot 编码（简单示例）。

```r
samples <- c("This movie is a bomb", "The movie is the bomb")

# 初始数据：每个样本是一个元素（在此示例中，样本是一个句子，但它也可以是整个
# 文档）
token_index <- list() # 初始化数据中所有标记的索引

# 通过 strsplit 函数对样本进行分词。在现实生活中，还需要从样本中删除标点符号
# 和特殊字符
for (sample in samples)

  for (word in strsplit(sample, " ")[[1]])
    if (!word %in% names(token_index))
      # 每个单词指定唯一索引。但请注意，索引 1 将不会关联任何内容
      token_index[[word]] <- length(token_index) + 2

# 对样本进行分词。只需要考虑每个样本中的前 max-length 个单词，此处设置为 10
max_length <- 10


results <- array(0, dim=c(length(samples),
                          max_length,
                          max(as.integer(token_index)))) # 将结果存储在
                                                         # result 变量中

for (i in 1:length(samples)) {
  sample <- samples[[i]]
  words <- head(strsplit(sample, " ")[[1]], n=max_length)
```

```r
for (j in 1:length(words)) {
  index <- token_index[[words[[j]]]]
  results[[i, j, index]] <- 1
  }
}
token_index
```

```
## $This
## [1] 2
##
## $movie
## [1] 3
##
## $is
## [1] 4
##
## $a
## [1] 5
##
## $bomb
## [1] 6
##
## $The
## [1] 7
##
## $the
## [1] 8
```

```r
results
```

```
## , , 1
##
##      [,1] [,2] [,3] [,4] [,5] [,6] [,7] [,8] [,9] [,10]
## [1,]    0    0    0    0    0    0    0    0    0     0
## [2,]    0    0    0    0    0    0    0    0    0     0
##
## , , 2
##
##      [,1] [,2] [,3] [,4] [,5] [,6] [,7] [,8] [,9] [,10]
```

```
## [1,]    1    0    0    0    0    0    0    0    0    0
## [2,]    0    0    0    0    0    0    0    0    0    0
##
## , , 3
##
##       [,1] [,2] [,3] [,4] [,5] [,6] [,7] [,8] [,9] [,10]
## [1,]    0    1    0    0    0    0    0    0    0    0
## [2,]    0    1    0    0    0    0    0    0    0    0
##
## , , 4
##
##       [,1] [,2] [,3] [,4] [,5] [,6] [,7] [,8] [,9] [,10]
## [1,]    0    0    1    0    0    0    0    0    0    0
## [2,]    0    0    1    0    0    0    0    0    0    0
##
## , , 5
##
##       [,1] [,2] [,3] [,4] [,5] [,6] [,7] [,8] [,9] [,10]
## [1,]    0    0    0    1    0    0    0    0    0    0
## [2,]    0    0    0    0    0    0    0    0    0    0
##
## , , 6
##
##       [,1] [,2] [,3] [,4] [,5] [,6] [,7] [,8] [,9] [,10]
## [1,]    0    0    0    0    1    0    0    0    0    0
## [2,]    0    0    0    0    1    0    0    0    0    0
##
## , , 7
##
##       [,1] [,2] [,3] [,4] [,5] [,6] [,7] [,8] [,9] [,10]
## [1,]    0    0    0    0    0    0    0    0    0    0
## [2,]    1    0    0    0    0    0    0    0    0    0
##
## , , 8
##
##       [,1] [,2] [,3] [,4] [,5] [,6] [,7] [,8] [,9] [,10]
## [1,]    0    0    0    0    0    0    0    0    0    0
## [2,]    0    0    0    1    0    0    0    0    0    0
```

由于 R 语言中区分大小写，The 和 the 分别分配了不同的编码；若文本不需要区分大小写，可以使用 tolower() 函数将文本中的大小写统一：

```
samples
```

```
## [1] "This movie is a bomb"  "The movie is the bomb"
```

```
tolower(samples)
```

```
## [1] "this movie is a bomb"  "the movie is the bomb"
```

代码 7.2：字符级 One-hot 编码（简单示例）。

```
samples <- c("This movie is a bomb", "The movie is the bomb")

ascii_tokens <- c("", sapply(as.raw(c(32:126)), rawToChar))
token_index <- c(1:(length(ascii_tokens)))
names(token_index) <- ascii_tokens

max_length <- 50

results <- array(0, dim=c(length(samples), max_length, length(token_
  index)))

for (i in 1:length(samples)) {
sample <- samples[[i]]
characters <- strsplit(sample, "")[[1]]
for (j in 1:length(characters)) {
character <- characters[[j]]
results[i, j, token_index[[character]]] <- 1
 }
}
```

```
# results
```

请注意，Keras 提供了对单词级别或字符级别的文本进行 One-hot 编码的内置函数，可以对原始文本数据进行编码。向大家推荐这些函数，是因为它们可以实现许多重要的功能，例如，从字符串中删除特殊字符、只考虑数据中前 N 个最常见的单词（一种常见的限制，以避免处理非常大的输入向量空间）。

代码 7.3：使用 Keras 进行单词级 One-hot 编码。

```
library(keras)
samples <- c("This movie is a bomb", "The movie is the bomb")
tokenizer <- text_tokenizer(num_words=1000) %>%        #创建一个标记器，配置
  #为仅考虑 1000(基于本例样本数据较少) 个最常用的单词
  fit_text_tokenizer(samples)        #构建单词索引
word_index <- tokenizer$word_index        #如何恢复计算的单词索引
word_index

## $movie
## [1] 1
##
## $is
## [1] 2
##
## $bomb
## [1] 3
##
## $the
## [1] 4
##
## $this
## [1] 5
##
## $a
## [1] 6

cat("Found", length(word_index), "unique tokens.\n")

## Found 6 unique tokens.
```

注意：text_tokenizer() 函数中的 lower 参数默认为 TRUE ，所以文本全为小写字符，输出结果中 The 和 the 赋予了相同的编码；若需要区分大小写，应该设置参数 lower=FALSE。

输出序列为：

```
sequences <- texts_to_sequences(tokenizer, samples)
#将字符串转换为整数索引列表
sequences
```

```
## [[1]]
## [1] 5 1 2 6 3
##
## [[2]]
## [1] 4 1 2 4 3
```

得到矩阵：

```
one_hot_results <- texts_to_matrix(tokenizer, samples, mode="binary")
# 也可以直接获得 One-hot 二进制表示。此标记化程序支持除 One-hot 编码以外的
# 存储模式
```

当词汇表中唯一标记的数量太大而无法明确处理时，可以使用 One-hot 散列技巧（one-hot hashing trick），它是 One-hot 编码的一种变体。这种方法可以将单词编码散列为固定长度的向量，而不是为每个单词分配一个索引，并在字典中保留这些索引的引用。散列过程可以使用非常简单的散列函数来完成。这种方法的主要优点是它不需要维护一个显式的单词索引，这可以节省内存并允许数据在线编码（可以在读取完所有数据之前，立即生成标记向量）。但这种方法的一个缺点是，它可能会出现散列冲突（hash collision），散列冲突是指两个不同的单词可能会具有相同的散列值，随后任何机器学习模型观察这些散列值，可能都辨别不出这些单词。当散列空间的维度远大于需要散列的唯一标记的总数时，散列冲突的可能性会降低。

代码 7.4：使用散列技巧的单词级 One-hot 编码（简单示例）。

```
library(hashFunction)
samples=c("This movie is a bomb", "The movie is the bomb")
dimensionality <-15
max_length <- 1000    # 将单词存储为大小为 1000 的向量。如果你有接近 1000 个
# 单词（或更多），你将看到许多散列冲突，这将降低此编码方法的有效性
results <- array(0, dim=c(length(samples), max_length, dimensionality))
for (i in 1:length(samples))
  {
  sample <- samples[[i]]
  words <- head(strsplit(sample, " ")[[1]], n=max_length)
  for (j in 1:length(words))
    {
    index <- abs(spooky.32(words[[i]])) %% dimensionality
# 使用 hashFunction::spooky.32() 将单词散列为 0~1000 的随机整数索引
    results[[i, j, index]] <- 1
```

```
    }
}
```

7.1.2　使用词向量

One-hot 编码得到的向量是二进制的、稀疏的（绝大多数元素取值为零），具有非常高的维度（维度大小与词汇表中的单词数相同），这会增加模型的存储空间和运行时间，为了克服这些缺点，接下来介绍一种将向量与单词相关联的方法——词向量 (word vector)，也称为词嵌入（word embedding）。词向量使用的是低维浮点数向量（即密集向量，与稀疏向量相对），如图 7.1.2 所示。这与 One-hot 编码获得的向量不同，词向量编码值是从数据的学习中得到的。因此在处理非常大的词汇表时，通常会看到 256 维、512 维或 1024 维的词向量。当选取的最大词汇量上万时，One-hot 编码通常需要使用上万维或更大的维度，远远大于词向量的维度。由此可见，词向量可以将更多信息压缩到更少的维度中。

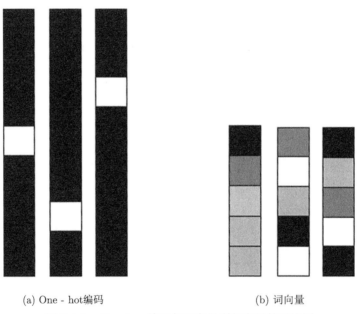

(a) One - hot编码　　　　　　　　(b) 词向量

图 7.1.2　One-hot 编码与词向量所得向量的对比图

以下两种方法可以获得词向量。

（1）在完成关心的主要任务（如文档分类或情绪预测）的同时完成词向量的学习。在此设置中，从随机词向量开始，以学习神经网络权重的相同方式学习词向量。

（2）在处理与待解决问题任务不同的机器学习任务中，应先计算好词向量，再将其加载到待解决问题的模型中。这些词向量被称为预训练词向量。

让我们来看看使用嵌入层获得词向量的具体过程。

将向量与一个单词相关联最简单的方法是将每个单词选择一个随机向量表示。这种方法忽略了单词间的结构，例如，"准确"和"精确"两个近义词最终可能产生完全不同的嵌入，即使它们在大多数句子中是可互换的。深度神经网络难以学习这种嘈杂的、非结构化的嵌入空间。

更抽象地来讲，词向量之间的几何关系应该反映这些单词之间的语义关系。词向量旨在将人类语言映射到几何空间。例如，在合理的嵌入空间中，可能希望将同义词向量映射到相似的词向量中，一般来说，我们会期望两个词向量之间的几何距离与它们之间的语义距离有关。除了距离之外，可能还希望它们在嵌入空间中的特定方向也是有意义的。为了更清楚，让我们看一个具体的例子。

在包含语文、数学、历史和化学四个词向量的二维平面中，我们选择使用矢量表示这些词之间的一些语义关系，可以将这些词向量之间的语义编码为几何变换。例如，从语文到数学，从历史到化学的向量相等，这个向量可以解释为"从文史类学科到理工类学科"的向量。同样，从语文到历史，从数学到化学的向量也相等，这可以解释为"从基础学科到专业学科"的向量。

在现实世界的词向量空间中，常见的且有意义的几何变换实例比比皆是，例如，对于"类别"向量，通过向向量"医生"添加"动物"向量，就可以获得"兽医"向量。一般来讲，词向量空间通常都具有数千个这种可解释且有意义的几何变换[①]。

代码 7.5：实例化嵌入层。

```
embedding_layer<-layer_embedding(input_dim=1000, output_dim=64)
```

嵌入层至少需要两个参数：一个是标记数（此处为 1000）；另一个是嵌入的维数（此处为 64）。

最好将 layer_embedding 理解为将整数索引 (代表特定单词) 映射到密集向量的字典。它将整数作为输入，它在内部字典中查找这些整数，并返回相关的向量。它实际上是一个字典查找，如图 7.1.3 所示。

图 7.1.3　字典查找

嵌入层的输入是一个二维整数张量，其形状为（样本，序列长度），其中每个元素是一个整数序列。它可以嵌入可变长度的序列，例如，在前一个示例嵌入层中，可以输入形状为（32，10）（32 个长度为 10 的序列组成的批量）或者（64，15）（64 个长度为 15 的序列组成的批量）的批量。每个输入批次中所有序列必须具有相同的长度（因

---

①　是否有一些理想的词向量空间可以完美映射人类语言，可以用于任何自然语言处理任务？可能存在这种嵌入空间，但目前我们尚未发现。因为语言是特定文化和背景的反映，世上有许多不同的语言，它们具有不同的结构。更现实的解决方案是，一个好的词向量空间在很大程度上取决于要完成的任务，例如，英语电影评论情感分析模型的完美词向量空间，但是可能与英语法律文档分类模型的完美词向量空间有所不同，因为某些语义关系的重要性因任务而异。因此，针对每个任务制定一个新的嵌入空间是合理的。幸运的是，反向传播使这一过程变得很容易，而 Keras 使它变得更容易。我们要做的就是利用 layer_embedding 层通过数据学习来得到每个词的权重。

为需要把它们打包成一个张量），所以比设定长度短的序列应该用零填充，而比设定长度长的序列应该被截断。

嵌入层返回一个形状为（序号，序列长度，嵌入维数）的三维浮点张量，其中序列长度由输入数据的序列长度决定，嵌入维数由参数 out_dim 决定。然后可以通过循环神经网络层或卷积层处理这种三维张量（两者将在 7.2 节和 7.3 节中介绍）。

实例化嵌入层时，其权重（标记向量或内部字典）最初是随机的，就像任何其他图层一样。在训练集中，通过反向传播逐渐调整这些向量，将空间构造成后续模型可以利用的材料。一旦完成训练，嵌入空间将显示许多结构——一种专门针对训练模型要解决的特定问题的结构。

7.2 基于卷积神经网络的文本数据分类模型

让我们将以上介绍的文本处理技术应用到一个中文文本情绪预测任务中。相对于丰富的英文语料库，中文语料库资料相对有限。本书使用了谭松波老师整理的中文酒店评论数据（原始数据文件 ChnSentiCorp_htl_all 可以在 https://github.com/SophonPlus/ChineseNlpCorpus/blob/master/datasets/ChnSentiCorp_htl_all/intro.ipynb 下载），共计 7000 多条评论，其中 5000 多条正面评论，2000 多条负面评论。笔者将数据下载后以 reviews.csv 文件名，保存在深度学习文件夹（路径为 C:/data/deeplearning/）中，下面首先加载数据。

代码 7.6：加载酒店评论数据，并查看数据类型。

```
reviews <- read.csv("c:/data/deeplearning/reviews.csv")
str(reviews)

## 'data.frame':    7766 obs. of  2 variables:
## $ label : int  1 1 1 1 1 1 1 1 1 1 ...
## $ review: Factor w/ 7766 levels "","\"此期间预订，入住首日酒店赠送
    每间房10元洗衣券一张，通过携程预订，入住首日每间房还可获赠欢迎水果一
    份。"我入住的时候"| __truncated__,..: 4312 5048 6859 578 371 7555
    3122 612 4994 141 ...
```

在将数据加载到系统中后，查看详细数据。
显示前 6 条数据：

```
head(reviews)

##    label
```

```
## 1     1
## 2     1
## 3     1
## 4     1
## 5     1
## 6     1
##
## 1
## 2
## 3
```
4 宾馆在小街道上，不大好找，但还好北京热心同胞很多~宾馆设施跟介绍的
差不多，房间很小，确实挺小，但加上低价位因素，还是物超所值的；环境不错，
就在小胡同内，安静整洁，暖气好足-_-||。。。还有一大优势就是从宾馆出发，
步行不到十分钟就可以到梅兰芳故居等等，京味小胡同，北海距离好近呢。总之，
不错。推荐给节约消费的自助游朋友~比较划算，附近特色小吃很多~
```
## 5
## 6
```

与英文文本不同，中文文本单词间没有自然间隔，需要使用中文分词工具获得词组。本书使用了常用的分词工具之一——jiebaR 库[①]。接下来就使用 jiebaR 库函数对酒店评论数据进行分词。

对第一条评论进行分词：

```
library("jiebaR")
wk <- worker()
segment(as.character(reviews[1,2]),wk)
```

```
##  [1] "距离"    "川沙"    "公路"    "较近"    "但是"    "公交"
##  [7] "指示"    "不"      "对"      "如果"    "是"      "蔡陆线"
## [13] "的话"    "会"      "非常"    "麻烦"    "建议"    "用"
## [19] "别的"    "路线"    "房间"    "较为简单"
```

可以看到，分词函数将第一条评论分为 22 个独立的词汇。接下来，需要把每个评论内容分成由空格隔开的单独的词的组合。

代码 7.7：构建句子切分函数。

---

① jiebaR 是用于中文分词的 R 语言工具包，底层语言为 C++，jiebaR 提供了隐马尔可夫模型、索引模型、混合模型、支持最大概率法等分词引擎。

```
split.sentence=function(string){
  wk = worker()
  return(paste(segment(as.character(string),wk) ,collapse=" "))


}
```

代码 7.8：构建模型分析样本。

```
reviews.train=as.character(reviews[c(1:1000,6001:7000),2])
#选取数据中前 1000 条和后 1000 条数据，构建样本

for( i  in  1:length(reviews.train)){ #对新数据进行分词
  reviews.train[i] <- split.sentence(reviews.train[i])
  cat("'已完成第" ,i," 条记录分词任务\n")#显示工作进度
}

reviews.train[1:10]#显示前 10 条分词结果
```

数据读入代码：

```
library(keras)
reviews.train <- read.csv("c:/data/deeplearning/reviews.train.csv")
labales <- reviews.train$label
reviews.train <- reviews.train$value
```

在作者的机器上，每条评论分词工作大概需要执行 3s，因此 1000 条数据的处理是一个比较费时间的工作，如果读者对这部分工作不感兴趣，可以直接下载作者已经完成分词的数据文件[①]。接下来对评论中使用的词汇编码。

代码 7.9：对文本数据进行编码。

```
max_features <- 10000     #限定选取 10000 个单词作为特征向量
maxlen <- 100       #确定最大文本长度（在前 max_features 个最常见的单词中）

tokenizer <- text_tokenizer(num_words=1000) %>%
  fit_text_tokenizer(reviews.train)      #构建单词索引
word_index <- tokenizer$index_word#提取编码结果
head(word_index)#输出编码结果
```

---

① https://github.com/RHD03A9605/DataLinkTest/archive/refs/heads/main.zip.

```
## $`1`
## [1] "的"
##
## $`2`
## [1] "了"
##
## $`3`
## [1] "酒店"
##
## $`4`
## [1] "是"
##
## $`5`
## [1] "我"
##
## $`6`
## [1] "房间"
```

```
cat("'共有" ,length(word_index)," 个不相同的词语.\n")# 汇总编码结果
```

```
## '共有 20819   个不相同的词语.
```

在本书选中的 1000 条评论中，共找到 20 819 个不相同的词语，由于限定选取 10 000 个单词，我们选取其中出现次数前 10 000 的词语逐一进行编码，例如，词汇 "的" 的编码是 1，"酒店" 的编码是 3，"房间" 的编码是 6。

在对词汇完成编码后，接下来得到评论对应的向量。

代码 7.10：未统一长度前的变量。

```
sequences <-texts_to_sequences(tokenizer, reviews.train)
# 将评论文本转换为向量
head(sequences)# 显示转换结果
```

```
## [[1]]
##  [1] 444   44   12   53   96    4 239   68   32 906 152   92 685      6
##
## [[2]]
##  [1] 227 175   57    6 200   46 373   28 843 649   14
##
## [[3]]
```

```
##   [1]   29 232   25 961   43   8    1    3 160 170   49 102    2    6    7   20
##
## [[4]]
##   [1]   40    9   62   55 174   35 414 503 128   40   42 238 552    1 565
              6 315 343 228
##  [20]   62   35   34   56   14   16    9   62 422 248 483 844   83 962   16   40
            449 254   16
##  [39]   26   23   62 444 319 348   14 183   36 454    1 157   27 249 128
##
## [[5]]
##   [1]  566 333 398   24   75 189   94   12   95 436 101   13
##
## [[6]]
##   [1]  489 105    1    3 105    1   45 261   26 168 215 108   36    5    1   48
             20    1 524
```

编码得到的向量长度不一致，为了满足对向量长度要求一致的模型需要，下面将向量截取为长度一致的向量。

由于长度存在差异，长度最长可超过 1000，而评论中经常存在 "欲扬先抑" 之类的语言逻辑，为了保证模型学习效果，理论上应当选择全长度，但是考虑到文本长度的分布情况，长度异常的文本仅占少数，所以使用箱线图来寻找异常值的范围（图 7.2.1），最终确定截取文本最大长度为 170。本例仅为演示，为了确保代码运行速度，此处统一长度以 50 为例。

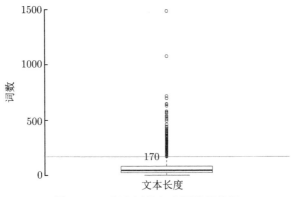

图 7.2.1 每条评论包含词数箱线图

代码 7.11：统一长度后的变量。

```
maxlen <- 50 # 将评论长度限定为 50
X <- pad_sequences(sequences, maxlen=maxlen)
#  head(X)
```

　　接下来构建训练集和测试集，数据文件中的样本是按照"正面"评价和"负面"评价排好序的（前面部分是负面评论，后面部分是正面评论），所以需要打乱样本顺序，否则模型将有可能只看到同一类别的样本。

　　代码 7.12：构建训练集和测试集。

```
index <- sample(1:4000, 4000)
Y <- labales
train.select <- sample(index, 0.7*length(index))
#随机选取 70% 的数据作为样本
x_train <- X[train.select,]#构建训练集
y_train <- Y[train.select]#构建训练集
x_test <- X[-train.select,]#构建测试集
y_test <- Y[-train.select]#构建测试集
```

　　样本数据中随机选取了 70% 作为训练集，30% 作为测试集，接下来将在训练集上训练模型。首先使用我们熟悉的密集层构建中文文本情感识别模型，这是一个二分类问题，所以损失函数选取 binary_crossentropy。该网络将使这 10 000 个单词中的每个单词学习 8 维嵌入，将输入的整数序列（二维整数张量）转换为嵌入序列（三维浮点张量），然后将张量展平为二维，并在模型结尾添加一个密集层用于分类。

　　密集层可以保证层与层之间信息传输的最大化，每一层将之前所有层的输入进行拼接，之后将输出的特征图传递给之后的所有层。

　　代码 7.13：在酒店评论数据上训练密集层模型。

```
k_clear_session()#建立新的训练环境

model_dense <- keras_model_sequential() %>%
  layer_embedding(input_dim=10000, output_dim=8, #指定 Embedding 层的最
  #大输入长度，以便稍后可以将嵌入输入展平。 Embedding 层激活的形状为
  #（样本序号， maxlen, 8）。
  input_length=maxlen) %>%
  layer_flatten() %>% #将三维嵌入张量展平为形状为（样本， maxlen * 8）的
                      #二维张量
  layer_dense(units=1, activation="sigmoid") #在顶部添加分类器

model_dense %>%
  compile(
    optimizer="rmsprop",
```

```
    loss="binary_crossentropy",
    metrics=c("acc")
  )
summary(model_dense)
```

```
## Model: "sequential"
## _____
## Layer (type)                    Output Shape             Param #
## ================================================================
## embedding (Embedding)           (None, 50, 8)            80000
## _____
## flatten (Flatten)               (None, 400)              0
## _____
## dense (Dense)                   (None, 1)                401
## ================================================================
## Total params: 80,401
## Trainable params: 80,401
## Non-trainable params: 0
## _____
```

```
history <- model_dense %>%
  fit(
    x_train,  y_train,
    epochs=10,  batch_size=32,
    validation_split=0.2
  )
```

绘制结果，如图 7.2.2 所示。

```
plot(history)
```

```
history
```

```
## Trained on 2,240 samples (batch_size=32, epochs=10)
## Final epoch (plot to see history):
##       loss: 0.3965
##        acc: 0.858
## val_loss: 0.4806
##   val_acc: 0.7857
```

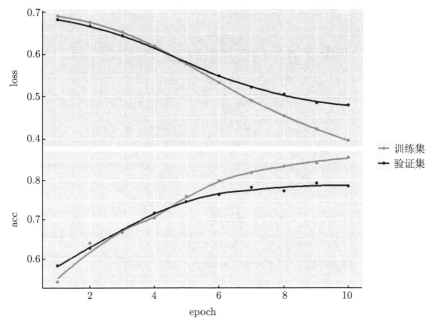

图 7.2.2 使用密集层模型对酒店评论数据的拟合效果

密集层模型的验证准确度接近于 80%，考虑到只关注每个评论中的前 50 个单词，这已经是不错的表现了。但请注意，只是展平嵌入的序列并在顶部训练单个密集层，会导致模型分别处理输入序列中的每个单词，而不考虑词间关系和句子结构。因此，最好在嵌入序列的顶部添加循环层或一维卷积层，将每个序列作为一个整体来进行特征学习。接下来我们将在酒店评论数据上建立一个两层的一维卷积神经网络模型。

```
pred_dense <- round(predict(model_dense, x_test))
table(pred_dense, y_test)
```

```
##           y_test
## pred_dense   0    1
##          0 461 152
##          1 135 452
```

```
error_Classification <- x_test[which(round(predict(model_dense, x_test))
!= y_test), ]
```

该问题属于二分类问题，对于二分类问题来讲，会出现四种情况。如果一个实例是正类并且也被预测成正类，即为真正类（true_positives），如果实例是负类被预测成正类，称为假正类（false_positives）。相应地，如果实例是负类被预测成负类，称为真负类（true_negatives），正类被预测成负类则为假负类（false_negatives）。所以最终对测试数据进行预测时选择 F_1 值作为评价指标：

$$\text{recall} = \frac{\text{true\_positives}}{\text{true\_positives} + \text{false\_negatives}}$$

$$\text{precision} = \frac{\text{true\_positives}}{\text{true\_positives} + \text{false\_positives}}$$

$$F_1 = 2 \times \frac{\text{precision} \times \text{recall}}{\text{precision} + \text{recall}}$$

这个计算过程的 R 语言实现如下：

```
F1 <- function(table) {
  precision <- (table[4]/(table[4]+table[3]))
  recall <- (table[4]/(table[4]+table[2]))
  return((precision*recall)/(precision+recall))
}
```

所以上述神经网络的 F_1 值为：

```
F1(table(pred_dense, y_test))
```

```
## [1] 0.379513
```

下面将在评论数据上构建一维卷积神经网络模型。

代码 7.14：在酒店评论数据上训练一维卷积神经网络模型。

```
k_clear_session()#建立新的训练环境

embeding_size <- 64
model_cnn_1d <- keras_model_sequential() %>%
  layer_reshape(input_shape=maxlen,
                target_shape=c(maxlen,1))%>%
  layer_conv_1d(filters=32,
                kernel_size=5,
                activation="relu", ) %>%
  layer_max_pooling_1d(pool_size=3) %>%
  layer_flatten() %>%
  layer_dense(units=1,
              activation="sigmoid")

summary(model_cnn_1d)
```

```
## Model: "sequential"
## _____
## Layer (type)                   Output Shape              Param #
## ================================================================
## reshape (Reshape)              (None, 50, 1)             0
## _____
## conv1d (Conv1D)                (None, 46, 32)            192
## _____
## max_pooling1d (MaxPooling1D)   (None, 15, 32)            0
## _____
## flatten (Flatten)              (None, 480)               0
## _____
## dense (Dense)                  (None, 1)                 481
## ================================================================
## Total params: 673
## Trainable params: 673
## Non-trainable params: 0
## _____

model_cnn_1d %>% compile(
  optimizer="rmsprop",
  loss="binary_crossentropy",
  metrics=c("acc")
)

history <- model_cnn_1d %>%
  fit(
    x_train, y_train,
    epochs=20,
    batch_size=128,
    validation_split=0.2
  )

plot(history)

history

## Trained on 2,240 samples (batch_size=128, epochs=20)
## Final epoch (plot to see history):
```

```
##      loss: 3.884
##       acc: 0.5455
## val_loss: 4.925
##   val_acc: 0.5482
```

　　从图 7.2.3 中可以看到一维卷积神经网络学习的效果并不好，在验证集上的准确度不到 55%，这个结果受到了本例中数据截取的影响。

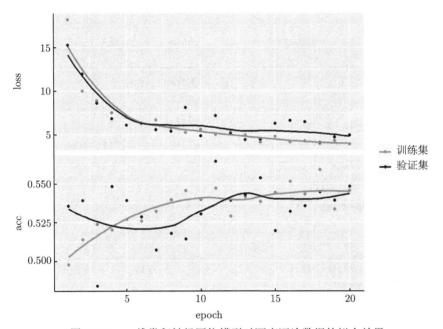

图 7.2.3　一维卷积神经网络模型对酒店评论数据的拟合效果

```
pred_cnn_1d <- round(predict(model_cnn_1d, x_test))
table(pred_cnn_1d, y_test)
```

```
##            y_test
## pred_cnn_1d   0    1
##           0 494  478
##           1 102  126
```

```
F1(table(pred_cnn_1d, y_test))
```

```
## [1] 0.1514423
```

　　根据混淆矩阵来看，测试集中错误分类的数据大部分被认为是 0（消极倾向），按照 F_1 来看，该模型效果并不出色。

　　作为尝试，下面将在评论数据上建立二维卷积神经网络模型。

代码 7.15：在酒店评论数据上训练二维卷积神经网络模型。

```
k_clear_session()#建立新的训练环境

embeding_size <- 64
model_cnn_2d <- keras_model_sequential() %>%
  layer_embedding(input_dim=max_features,
                  output_dim=embeding_size,
                  input_length=maxlen) %>%
  layer_reshape(target_shape=c(maxlen,embeding_size,1)) %>%
  layer_conv_2d(filters=64,
                kernel_size=c(5, embeding_size),
                activation="relu") %>%
  layer_max_pooling_2d(pool_size =c(2,1)) %>%
  layer_conv_2d(filters=32,
                kernel_size=c(5, 1),
                activation="relu") %>%
  layer_max_pooling_2d(pool_size=c(3,1)) %>%
  layer_flatten() %>%
  layer_dense(units=1, activation="sigmoid")

summary(model_cnn_2d)

## Model: "sequential"
## _____
## Layer (type)                     Output Shape              Param #
## ====================================================================
## embedding (Embedding)            (None, 50, 64)            640000
## _____
## reshape (Reshape)                (None, 50, 64, 1)         0
## _____
## conv2d (Conv2D)                  (None, 46, 1, 64)         20544
## _____
## max_pooling2d (MaxPooling2D)     (None, 23, 1, 64)         0
## _____
## conv2d_1 (Conv2D)                (None, 19, 1, 32)         10272
## _____
## max_pooling2d_1 (MaxPooling2D)   (None, 6, 1, 32)          0
## _____
```

```
## flatten (Flatten)                    (None, 192)              0
## ----------------------------------------------------------------
## dense (Dense)                         (None, 1)               193
## ================================================================
## Total params: 671,009
## Trainable params: 671,009
## Non-trainable params: 0
## ----------------------------------------------------------------
```

```
model_cnn_2d %>%
  compile(
    optimizer="rmsprop",
    loss="binary_crossentropy",
    metrics=c("acc")
  )
```

```
history <- model_cnn_2d %>%
  fit(
    x_train, y_train,
    epochs=20,
    batch_size=128,
    validation_split=0.2
  )
```

　　绘制结果，如图 7.2.4 所示。

```
plot(history)
```

```
history
```

```
## Trained on 2,240 samples (batch_size=128, epochs=20)
## Final epoch (plot to see history):
##      loss: 0.1171
##       acc: 0.9612
## val_loss: 1.115
##  val_acc: 0.7375
```

　　二维卷积神经网络在验证集上的准确度为 70%~80%，对于截取前 50 个词的数据来说，效果还不错。

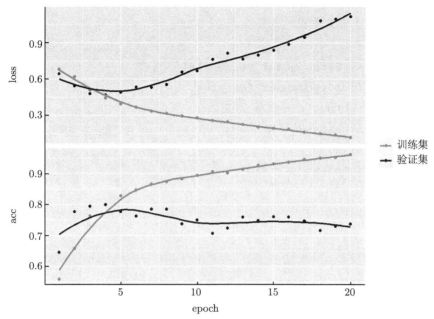

图 7.2.4 使用二维卷积神经网络模型对酒店评论数据的拟合效果

```
pred_cnn_2d <- round(predict(model_cnn_2d, x_test))
table(pred_cnn_2d, y_test)
```

```
##           y_test
## pred_cnn_2d   0   1
##           0 366 133
##           1 230 471
```

```
F1(table(pred_cnn_2d, y_test))
```

```
## [1] 0.3609195
```

从该模型预测的混淆矩阵来看，分类错误的数据多为将 0 错分为 1，F_1 值低于密集连接网络的 F_1 值。

7.3 基于循环神经网络的文本数据分类模型

文本数据可以看作字母或词汇的序列数据，本章结合第 6 章学习的循环神经网络模型，先来训练一个简单的循环神经网络。

代码 7.16：在酒店评论数据上训练 simple_rnn 模型。

```r
k_clear_session()#建立新的训练环境

model_simple_rnn <- keras_model_sequential() %>%
  layer_embedding(input_dim=max_features,
                  output_dim=32) %>%
  layer_simple_rnn(units=32) %>%
  layer_dense(units=1,
              activation="sigmoid")

summary(model_simple_rnn)

## Model: "sequential"
##
## _____
## Layer (type)                   Output Shape               Param #
## ================================================================
## embedding (Embedding)          (None, None, 32)           320000
##
## _____
## simple_rnn (SimpleRNN)         (None, 32)                 2080
##
## _____
## dense (Dense)                  (None, 1)                  33
## ================================================================
## Total params: 322,113
## Trainable params: 322,113
## Non-trainable params: 0
##
## _____

model_simple_rnn %>%
  compile(
    optimizer="rmsprop",
    loss="binary_crossentropy",
    metrics=c("acc")
  )

history <- model_simple_rnn %>%
  fit(
    x_train, y_train,
    epochs=10,
    batch_size=128,
```

```
validation_split=0.2
)
```

现在，让我们绘制结果，如图 7.3.1 所示。

```
plot(history)
```

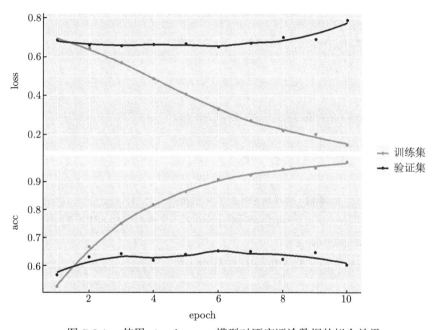

图 7.3.1　使用 simple_rnn 模型对酒店评论数据的拟合效果

```
history
```

```
## Trained on 2,240 samples (batch_size=128, epochs=10)
## Final epoch (plot to see history):
##      loss: 0.1451
##       acc: 0.971
## val_loss: 0.7885
##  val_acc: 0.6018
```

从图 7.3.1 来看，循环神经网络在验证集上分类准确度的提升并不明显。简单的循环神经网络的验证集准确度约为 60%，接下来继续使用 Keras 包中的 layer_lstm 函数在酒店评论数据上将 simple_RNN 层替换为一个 LSTM 层。

```
pred_simple_rnn <- round(predict(model_simple_rnn, x_test))
table(pred_simple_rnn, y_test)
```

```
##                 y_test
## pred_simple_rnn   0   1
##               0 352 275
##               1 244 329
```

```
F1(table(pred_simple_rnn, y_test))
```

```
## [1] 0.2795242
```

代码 7.17：在酒店评论数据上训练 LSTM。

```
k_clear_session()# 建立新的训练环境
```

```
model_lstm <- keras_model_sequential() %>%
  layer_embedding(input_dim=max_features, output_dim=32) %>%
  layer_lstm(units=32) %>%
  layer_dense(units=1, activation="sigmoid")
```

```
model_lstm %>%
  compile(
    optimizer="rmsprop",
    loss="binary_crossentropy",
    metrics=c("acc")
  )
summary(model_lstm)
```

```
history <- model_lstm %>%
  fit(
    x_train, y_train,
    epochs=10,
    batch_size=128,
    validation_split=0.2
  )
```

绘制结果，如图 7.3.2 所示。

```
plot(history)
```

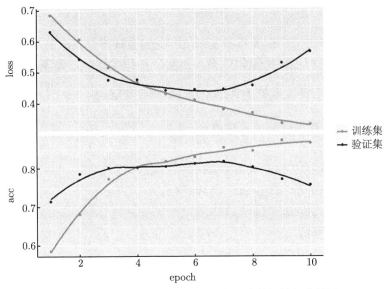

图 7.3.2　使用 LSTM 模型对酒店评论数据的拟合效果

　　如图 7.3.2 所示，LSTM 模型在验证集上的精度达到了 75% 以上，相较于之前的模型有了很大的提升。

```
history
```

```
## Trained on 2,240 samples (batch_size=128, epochs=10)
## Final epoch (plot to see history):
##      loss: 0.3333
##       acc: 0.8665
## val_loss: 0.5674
##   val_acc: 0.7571
```

　　这一次，我们在验证集上的准确度为 75.71%，相对于之前简单的循环神经网络，在结果上有了很大进步，主要是因为 LSTM 受到梯度消失问题（vanishing-gradient）的影响比较小，因此这个方法比完全连接的方法好。

```
pred_lstm <- round(predict(model_lstm, x_test))
table(pred_lstm, y_test)
```

```
##          y_test
## pred_lstm   0   1
##         0 443 161
##         1 153 443
```

```
F1(table(pred_lstm, y_test))
```

```
## [1] 0.3691667
```

作为探索，下面将进一步扩展模型复杂度，我们尝试将数据中的更多信息纳入模型中，看模型是否可以获得更好的预测效果，当然，在此过程中，要谨防过拟合。

代码 7.18：在酒店评论数据上训练双层 LSTM 模型。

```
k_clear_session()#建立新的训练环境

model_double_lstm <- keras_model_sequential() %>%
  layer_embedding(input_dim=max_features,
                  output_dim=32) %>%
  layer_lstm(units=64,
             dropout=0.2,
             recurrent_dropout=0.2,
             return_sequences=T) %>%
  layer_lstm(units=32,
             dropout=0.2,
             recurrent_dropout=0.2) %>%
  layer_dense(units=1,
              activation="sigmoid")

model_double_lstm %>%
  compile(
    optimizer="rmsprop",
    loss="binary_crossentropy",
    metrics=c("acc")
  )

summary(model_double_lstm)

history <- model_double_lstm %>%
  fit(
    x_train, y_train,
    epochs=10,
    batch_size=128,
    validation_split=0.2
  )
```

绘制结果，如图 7.3.3 所示。

```
plot(history)
```

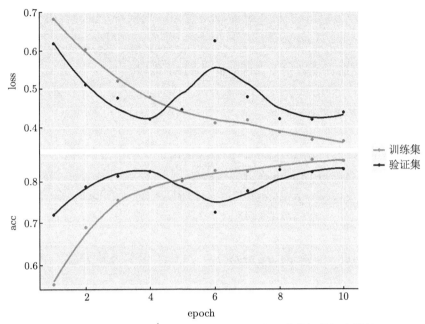

图 7.3.3 使用双层 LSTM 模型对酒店评论数据的拟合效果

```
history
```

```
## Trained on 2,240 samples (batch_size=128, epochs=10)
## Final epoch (plot to see history):
##      loss: 0.3635
##       acc: 0.8478
## val_loss: 0.439
##  val_acc: 0.8286
```

双层 LSTM 模型在验证集上的准确度约为 83%，这个结果很棒。

```
pred_double_lstm <- round(predict(model_double_lstm, x_test))
table(pred_double_lstm, y_test)
```

```
##                 y_test
## pred_double_lstm   0    1
##                0 427 132
##                1 169 472
```

```
F1(table(pred_double_lstm, y_test))
```

```
## [1] 0.3791165
```

根据混淆矩阵，分类错误的样本分布较为均匀，根据 F_1 值，该模型效果也较为出色。

代码 7.19：在酒店评论数据上训练双向 LSTM 模型。

```
k_clear_session()#建立新的训练环境

model_two_way_lstm <- keras_model_sequential() %>%
  layer_embedding(input_dim=max_features,
                  output_dim=32) %>%
  bidirectional(layer_lstm(units=32)) %>%
  layer_dense(units=1,
              activation="sigmoid")

summary(model_two_way_lstm)

model_two_way_lstm %>%
  compile(
    optimizer="rmsprop",
    loss="binary_crossentropy",
    metrics=c("acc")
  )

history <- model_two_way_lstm %>%
  fit(
    x_train, y_train,
    epochs=10,
    batch_size=128,
    validation_split=0.2
  )
```

绘制结果如图 7.3.4 所示。

```
plot(history)
```

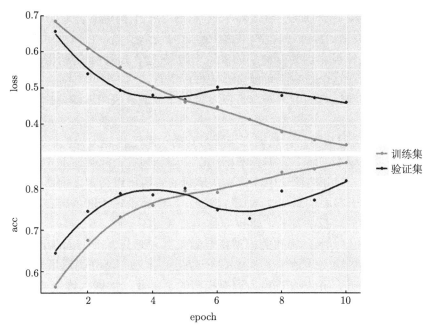

图 7.3.4 使用双向 LSTM 模型对酒店评论数据的拟合效果

```
history
```

```
## Trained on 2,240 samples (batch_size=128, epochs=10)
## Final epoch (plot to see history):
##      loss: 0.3415
##       acc: 0.8607
## val_loss: 0.4594
##   val_acc: 0.8179
```

```
pred_two_way_lstm <- round(predict(model_two_way_lstm, x_test))
table(pred_two_way_lstm, y_test)
```

```
##                  y_test
## pred_two_way_lstm   0    1
##                 0 434 125
##                 1 162 479
```

```
F1(table(pred_two_way_lstm, y_test))
```

```
## [1] 0.384739
```

这个模型的性能略好于前面 (见代码 7.17 和图 7.3.2) 构建的普通 LSTM，验证准确度约为 82%。按照 F_1 值，该模型效果优于前面的几个模型。它似乎更快地出现过拟合现象，这并不令人惊讶，因为双向层的参数个数是正序 LSTM 的两倍。如果添加一些正则化，双向方法在这个任务上可能会有更好的表现。

通过各个模型在测试集的混淆矩阵可以发现一个问题，假阳率普遍比假阴率高。引起模型误判的因素有很多，但基本可以划分为两类：一是数据数量，本章总样本数量仅有 4000 条，由于学习材料不足，从训练集学习到的关系泛化能力较低；二是数据质量，通过对误判数据反向索引发现，数据标签标注存在误标现象，此类情况在总数据集中的占比并不低，并且在一部分的评论中经常存在最后的感情可以否定之前所有内容表达的情感的现象，同时由于截取的最大文本长度较短，后期评论转折的内容存在被截断的问题，使模型无法学习到转折的部分，这也导致学习效果不理想。

在酒店评论数据上，本章构建的模型拟合效果并不理想，一方面是由于数据有限，无法全面展现出复杂的中文表达中的特点；另一方面，本书主要介绍通用模型构建技术，保证技术路径的完整性，并没有花精力调整模型的超参数，如嵌入维度或 LSTM 输出维度，此外本章正则化讨论也不充分。

7.4 小结

本章主要进行了以下操作。

（1）将原始文本转换为神经网络可以处理的矢量形式。

（2）在 Keras 模型中使用嵌入层来学习特定于任务的标记嵌入。

（3）使用一维卷积神经网络模型和循环神经网络模型建立中文分类模型。

参 考 文 献

加雷斯 G, 威滕 D, 哈斯帖 T, 等. 2017. 统计学习导论——基于 R 应用. 王星, 译. 北京: 机械工业出版社.

Cortes C, Vapnik V. 1995. Support-vector networks. Machine Learning, 20(3):273-297.

Cybenko G. 1989. Approximation by superpositions of a sigmoidal Function. Mathematics of Control, Signals, and Systems (MCSS), 2:303-314.

Gal Y. 2016. Uncertainty in Deep Learning. Cambridge: University of Cambridge.

Hastie T, Tibshirani R, Friedman J.2009.The Elements of Statistical Learning: Data Mining, Inference, and Prediction. 2nd ed. New York: Springer-Verlag.

Hornik K, Stinchcombe M, White H. 1989.Multilayer feedforward networks are universal approximators. Neural Networks, 2:359-366.

Spencer M, Eickholt J, Cheng J. 2015. A deep learning network approach to ab initio protein secondary structure prediction. IEEE/ACM Transactions on Computational Biology & Bioinformatics, 12(99):103-112.

Srivastava N, Hinton G, Krizhevsky A, et al. 2014.Dropout: A simple way to prevent neural networks from overfitting. Journal of Machine Learning Research, 15(1):1929-1958.

Turing A M. 1950. Computing Machinery and Intelligence. Mind, 59(236): 433-460.

Vapnik V N, Chervonenkis A. 1964. A note on one class of perceptrons. Automation and Remote Control, 25(1).